中等职业学校数控技术应用专业改革发展创新系列教材

数控机床调试与维修基础

史广向 徐 海 主 编

刘 巍 周 昊 副主编

中国铁道出版社

CHINA RAILWAY PUBLISHING HOUSE

内 容 简 介

本书根据国家数控机床调试与维修的职业标准编写，其内容注重实际企业和职业工作方面的相关技能和知识，注重加强实用性与直观性，并结合具体内容，配以大量实物图片。

本书主要从机械和电气方面，探讨数控机床的基本结构和调试维修的方法。全书围绕数控调试维修入门所需掌握的主要知识与技能，采用项目驱动的形式编写，共分八个项目，每个项目下都有具体的任务；每个任务都有任务引入、描述与分析，能使读者有明确的任务目的。任务中有详细的任务实施工作过程的步骤与方法，并且配有形象易懂的图片，方便读者完成任务，并在任务中学到相关知识和技能。每个任务后还提供了教学扩展的相关知识链接、教学评价和思考题，力求给读者留下思考和总结的空间，为读者提供了进步的阶梯。

本书既可作为职业教育学校相关学科与专业的教材，也可作为具有实训设备企业的培训读物，以及供对数控调试与维修感兴趣的读者自学使用。

图书在版编目（CIP）数据

数控机床调试与维修基础 / 史广向，徐海主编. —北京：
中国铁道出版社，2012.8
中等职业学校数控技术应用专业改革发展创新系列教材
ISBN 978-7-113-14846-1

Ⅰ．①数…　Ⅱ．①史…②徐…　Ⅲ．①数控机床-调
试-中等专业学校-教材②数控机床-维修-中等专业学
校-教材　Ⅳ．①TG659

中国版本图书馆 CIP 数据核字（2012）第 178144 号

书　　　名：数控机床调试与维修基础
作　　　者：史广向　徐　海　主编

策　　　划：陈　文　　　　　　读者热线：400-668-0820
责任编辑：李中宝
编辑助理：绳　超
封面设计：刘　颖
责任印制：李　佳

出版发行：中国铁道出版社（100054，北京市西城区右安门西街 8 号）
网　　址：http://www.51eds.net
印　　刷：三河市华丰印刷厂
版　　次：2012 年 8 月第 1 版　　　2012 年 8 月第 1 次印刷
开　　本：787mm×1092mm　1/16　印张：7　字数：168 千
印　　数：1～3 000 册
书　　号：ISBN 978-7-113-14846-1
定　　价：15.00 元

前　言

随着数控机床在国内普及,数控机床在企业的使用越来越广泛,因而这些企业大量需要掌握数控机床调试与维修的技术人员,尤其需要懂知识、会技能、能动手的会调试维修的复合型人才。职业类的学校大部分相关专业的学生已经掌握了操作与加工的技能,为了使这类学生或企业研修学员能够掌握基本的数控机床调试与维修知识,我们特编写了《数控机床调试与维修基础》一书。

本书编写主要以 FANUC 系统的数控机床为例,涉及机床的机械检测与调试,电气元器件的检测与调试、机床部件的拆装、电气部件的使用与安装、常见故障的分析与处理等方面。书中配有与生产和实际相贴近的图片示例,使有关知识更易被了解掌握。

为了方便读者学习,提高读者学习与教学的实用性、趣味性,本书采用了项目驱动的方法进行编写,使得本书在数控调试与维修的基础教学上有很强的操作性,非常适合相关学校与企业的基础实践教学。

本书由史广向、徐海任主编,刘巍、周昊任副主编。史广向老师编写了项目一～三;刘巍老师编写了项目四、五;周昊老师编写了项目六、七;徐海老师编写了项目八。

由于编者水平有限,书中难免有错误和不当之处,真诚希望广大读者批评指正。

编　者
2012 年 4 月

目　录

项目一　数控机床的组成

任务一　数控机床的机械组成

● 任务引入

数控机床的机械部分是数控机床的具体执行部件,机床的主要机械部件基本位于机床外部,机床外部的机械结构是比较容易观察的。

● 任务描述

观察数控机床并宏观了解数控机械组成部分。

● 任务分析

在不对机床拆装的情况下,对机床进行观察并做简单的操作,了解机床整体机械组成和机床主要外部机械部件的基本功能。

● 工作过程

活动一　观察数控机床的外部机械组成

(1)床身。床身一般以连铸等方式固定在床底座上,是整个机床的基础。床身上有平直光洁的导轨,导轨一般都采用了淬火磨削等工艺,保证了其整体平直、表面光滑。导轨的作用是支撑刀架平滑稳定移动。两导轨中间留有排屑通道,金属屑可以通过排屑通道自动排到床底座下方的接屑盘上,图 1-1 所示为数控机床床身。

图 1-1　床身

(2)卡盘。卡盘的作用是固定被加工的工件。上面的像爪子一样伸出的结构叫卡爪,常见的有三爪卡盘、四爪卡盘等。使用此类卡盘能很方便地进行中心定位与找正,图1-2所示为数控机床卡盘。

图 1-2　卡盘

（3）刀架。数控机床的刀架是机床的重要组成部分，用来夹持切削用刀具，并实现自动交换，适应不同的工序加工。许多车床采用的是立式四工位回转刀架或卧式六工位回转刀架，它们都可以实现刀具自动转位，图 1-3 所示为数控机床刀架。

图 1-3　刀架

（4）尾座。尾座一般也安装在导轨上，可以沿导轨做纵向移动并在需要的位置上夹紧。尾座的主要作用是在尾座套筒内安装顶尖、钻头、铰刀等加工工具，图 1-4 所示为数控机床尾座。

图 1-4　尾座

（5）冷却系统。在金属切削的时候会产生大量的热,影响刀具安全和表面加工质量,所以需要在加工的同时进行冷却。冷却液经冷却管的喷嘴喷出,可以很方便地调整喷嘴的位置,图1-5所示为数控机床冷却系统。

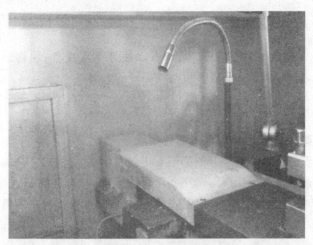

图1-5　冷却系统

● **知识链接**

金属切削的基本方式:将待加工毛坯和刀具固定,使得毛坯或刀具进行旋转,按照合理的速度与深度进行正确的切削,这就是常说的切削入门口诀:主轴要转,进给要慢,切得要薄。只有这三个要素都满足了,才能进行安全、规范的金属加工。

● **完成任务**

序号	评　判　项　目	评判结果
1	是否全面观察了数控机床外部机械结构	
2	是否了解了数控机床主要机械结构功能	
3	是否掌握了数控机床机械加工的基本方式	

● **思考与练习**

（1）数控机床的主要外部机械部件有哪些?
（2）在金属切削时,数控机床的各个机械部件是如何配合完成的?

任务二　数控机床的电气组成

● **任务引入**

如果说数控机床的机械部分是数控机床的肉体的话,那电气部分就是数控机床的灵魂,虽然平时一般看不见它,但是它却对数控机床进行着全面的控制。

• 任务描述

观察数控机床的整体和电气控制柜,宏观了解数控机床的电气组成。

• 任务分析

初学者一般不太具备完善的电气知识,所以通过本次任务,使初学者宏观了解数控机床的基本电气组成,以及机床机械部件和电气部件的大体关系。

• 工作过程

活动一 观察数控机床的外部电气部件组成

(1)电源开关。一台数控机床一般都配有电源总开关,有的是手拨式自动空气开关,这种开关的用法一般是向上拨表示开,向下拨表示关。还有的是旋钮式开关,一般将开关旋至 ON 位置表示开,将开关旋至 OFF 位置表示关。图 1-6 所示为数控机床电源开关。

图 1-6 电源开关

(2)控制面板。在机床的正面带显示屏和按键的区域叫做控制面板。它是人机实现对话的主要途径。操作人员可以通过按键实现对机床的控制与编程,也可以在显示屏上看到机床工作的各个状态与参数。图 1-7 所示为数控机床控制面板。

图 1-7 控制面板

（3）照明灯。由于机床防护罩的遮蔽,机床内部光线不是很好,为了方便观察、加工,机床内设置了照明灯。图1-8所示为数控机床照明灯。

图1-8 照明灯

活动二 观察数控机床电气控制柜的电气部件组成

（1）主轴电动机。电动机是一种能够根据控制系统给定的转速和转向,电动机轴作出相应旋转的电器,机床的主轴一般都由一个电动机带动运转。图1-9所示为数控机床电气控制柜的主轴电动机。

图1-9 主轴电动机

（2）保护电路。保护电路是为了保护机床整个电路不被短路和过载等故障所损害而设置的,常用的机床保护电路包括自动空气开关、熔断器等,为了检修和安全,一般在总电路和分支电路上都会有多个保护电器。图1-10所示为数控机床电气控制柜的保护电路。

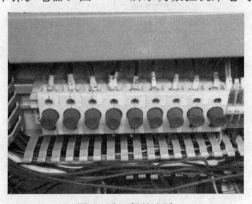

图1-10 保护电路

（3）主电路。主电路由接触器等电器和较粗的导线构成，一般主电路直接与控制电动机相连，通过接触器的动作来控制电动机的启动与停止、正转与反转。图 1-11 所示为数控机床电气控制柜的主电路。

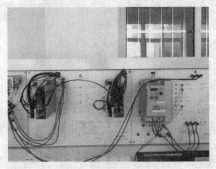

图 1-11　主电路

（4）控制电路。控制电路由继电器等电器和较细的导线构成，一般控制电路与 I/O 接口或者 PMC 相连，通过继电器的动作来控制接触器线圈的得电与失电，或者使得输入/输出信号变为 0 或者 1 等功能。图 1-12 所示为数控机床电气控制柜的控制电路。

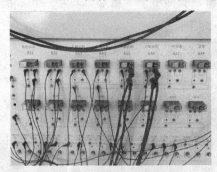

图 1-12　控制电路

（5）风扇。电气控制柜的柜壁上一般都配有风扇。这样可以给电气控制柜提供散热装置，使得柜内电器温度不至于太高而影响电器正常工作，延长电器使用寿命。

（6）变频器。控制主轴电动机转向与转速的电器。图 1-13 所示为数控机床电气控制柜的变频器。

图 1-13　变频器

（7）驱动器。控制刀架电动机按照要求在各方向进给的电器。图1-14所示为数控机床电气控制柜的驱动器。

图1-14　驱动器

（8）开关电源。为机床内控制电路提供24 V左右直流控制电源的电器。图1-15所示为数控机床电气控制柜的开关电源。

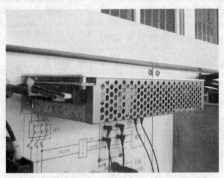

图1-15　开关电源

● 知识链接

（1）接触器。接触器主要是控制电路通断的元件。它由线圈、动合触点、动断触点组成，如图1-16所示。它的型号较多，数控机床常用的是带灭弧罩的三相交流接触器。一般常见触点的交流电压在220 V左右，线圈交流电压为110 V左右。

图1-16　接触器

（2）继电器。继电器主要是控制弱电压电路通断的电路元件。它由线圈、动合触点、动断触点组成，如图 1-17 所示。它的型号较多，数控机床常用的是单相继电器。一般常见的触点交流电压为 110 V 左右，线圈直流电压为 24 V 左右。

图 1-17　继电器

● 完成任务

序号	评 判 项 目	评判结果
1	观察机床外部电气部件是否完成	
2	观察机床电气控制柜内电气部件是否完成	
3	是否知道机床电气控制柜内的电气部件的名称与用途	

● 思考与练习

（1）数控机床主要电气组成有哪些？
（2）接触器与继电器的功能是什么？有什么区别？

项目二　数控机床的机械构造

任务一　常用机床拆装工具的认识与使用

● 任务引入

　　想要直观地观察数控机床的机械构造,除了看机床装配图,就是亲自手动拆装一台数控机床,由于数控机床的机械结构复杂,必须用到一些专用的机床拆装工具才能完成拆装任务。这就要求我们必须能够认识与使用常用的机械拆装工具。

● 任务描述

　　认识并学会使用常用的数控机床拆装工具。

● 任务分析

　　数控机床常用的拆装工具有很多种,虽然使用方法并不难,但是要做到按专业规范要求使用还是要经过细致的学习的。

● 工作过程

活动一　常用机床拆装工具的认识与使用

常用机床拆装工具的认识与使用如表 2-1 所示。

表 2-1　常用机床拆装工具的认识与使用

名　　称	工 具 图 形	使 用 说 明	使 用 注 意 事 项
螺钉旋具		作用是旋紧或松退螺纹连接。常见的类型有一字形、十字形和双弯头形等	① 根据螺钉头的槽宽选用合适的旋具,大小不合适的旋具无法承受旋转力,且易损伤钉槽 ② 不可将旋具当做錾子、杠杆或划线工具使用
活扳手		用来旋紧或松退螺栓和螺母,钳口的尺寸在一定范围内可以自由调整,其规格以扳手的全长尺寸标志	使用时,应使扳手向活动钳口方向旋转,使固定钳口承受主要力的作用
内六角扳手		用于拆装内六角螺钉,按照扳手外径的粗细划分规格,大小规格很多	使用时要注意选用与内六角螺钉大小相符的内六角扳手,防止扳手或螺钉磨圆

续表

名　称	工具图形	使用说明	使用注意事项
锤子		用于敲击。有金属锤和非金属锤两种。常用的金属锤有钢锤和铜锤两种；常用的非金属锤有塑料锤、橡胶锤和木锤等。锤子的规格以其重量表示，如0.5磅等	① 精致工件表面或硬化处理后的工件表面，应使用软锤面，以避免损伤工件表面 ② 锤子使用前应仔细检查锤头与锤柄是否连接紧密，以免造成锤头与锤柄脱离的意外事故 ③ 应根据工作性质，合理选择锤子的材质、规格和形状。锤头边沿若有毛边应及时磨除
尖嘴钳		用来剪断钢丝、电线等小型物件，有时也用于小型螺母的旋紧与松退	使用正确的手握方式，合理用力，防止损伤螺母
拔销器		用于拔出用于机械定位的销钉	使用拔销器前端的螺纹旋入销钉的内螺纹中，充分配合后，敲击拔销器上方手柄，将销钉取出

活动二　常用机械拆装工具的摆放

使用过工具后应，根据现有条件，清点工具数量，整齐合理地归类摆放，如图 2-1 所示。养成良好的使用习惯，能够提高一个人长期的工作素养与敬业精神，也能有效保护好工具，方便下次使用。

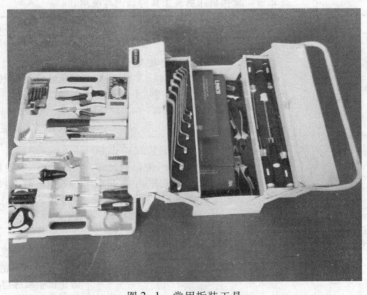

图 2-1　常用拆装工具

● 知识链接

常用工具的使用和摆放与职业素养的关系

在初学者中,有很多人没有实践的经验,因此养成一个良好的工具使用与摆放习惯,对今后形成一个良好的职业素养非常关键。某些国家,对这个方面就很重视,他们在初学者初接触到一些产业技能知识的时候,最先培养的就是他们对工具的摆放与规范的使用的能力,并且很系统也很细致,比如:电器拆装和机械拆装的工具要严格分类使用;铜棒与橡皮锤和铁锤的使用场合和区别;螺钉旋具不能当錾子用,平面上多个螺钉的拆装顺序和方向,以及什么样的工具摆放才是规范合理的。这些技能需在职业入门时学习并掌握,这对以后形成一个从业者优秀搞错职业素养有很大的帮助,也能充分培养从业者的专业意识,使之能向更专业、更优秀的层次发展。所以要重视这个问题,多花时间、粗力,培养和训练初学者的这些技能。

● 完成任务

序号	评 判 项 目	评判结果
1	是否认识并规范使用螺钉旋具	
2	是否认识并规范使用内六角扳手	
3	是否认识并规范使用锤子	

● 思考与练习

(1)详细说明使用活动扳手,旋动螺母时钳口的朝向,并说明理由?

(2)拔销器使用在什么场合?怎么使用?

任务二　数控车床刀架的机械结构与拆装

● 任务引入

刀架是数控机床的换刀装置,在维修实践中刀架出故障的概率较高,所以刀架维修是必须要掌握的技能。在学习刀架维修之前就必须掌握刀架的机械结构与拆装。

● 任务描述

拆装刀架并了解刀架的机械结构。

● 任务分析

以数控车床的四工位回转式刀架为例,通过对其拆装,观察刀架内部组成及机械部件的联动,了解刀架的机械结构及其机械部件的工作原理。

● 工作过程

活动一　数控车床四工位回转式刀架的拆卸,并观察刀架的机械结构

(1)拆除刀架上端罩子,这个罩子起到防水和防尘的作用,用于保护刀架顶端的电路,如图2-2所示。

图 2-2 除去上端罩的刀架

(2)剪断刀架上端电源线接头部分,并观察内部导线的颜色和数量和用于定位的霍尔接近开关,如图 2-3 所示。

(3)拆除刀架上端螺母与固定环,观察内部的螺杆与传动盘以及传动销。它是能使刀架进行旋转的机构。一般传动销都与弹簧相连,用于升起刀架,如图 2-4 所示。

图 2-3 霍尔开关

图 2-4 传动销与弹簧

(4)拆除传动盘,观察下方的定位盘(反靠盘)。它的作用是能使刀架在正向旋转后,能够在指定刀位到达,当刀架电动机反转,它就能使刀体内部能升降的部分下降,从而能使底部夹紧齿盘下降,使得夹紧齿盘、动齿盘、定齿盘三个齿盘充分啮合,锁紧刀架定位,如图 2-5所示。

(a)反靠盘俯视

图 2-5 观察定位盘

（b）反靠盘侧视

（c）底座定齿盘和刀架动齿盘

（d）动齿盘与定齿盘的配合

图2-5　观察定位盘（续）

（5）拆除刀架内部可升降部分，观察底部涡轮与蜗杆轴。这个是刀架最基本的传动机构，它可以将刀架电动机轴的运动，转换成刀架的旋转运动。

（6）观察刀架电动机与螺杆的连接，可以发现它们是同轴的，如图2-6所示。

图 2-6　刀架中心螺杆

活动二　边装配刀架的机械部件,边观察刀架的机械动作过程

（1）用内六角扳手手动转动刀架电动机轴。观察各部件上升并旋转的运动过程。电动机轴带动蜗杆轴同步转动,蜗杆轴通过和涡轮的配合带动涡轮转动,涡轮转动带动竖直方向的螺杆转动,螺杆转动带动夹紧齿轮盘上升,夹紧齿盘和动齿盘与定齿盘之间解除啮合,取消对刀体中间运动部件的锁定,从而传动销不受外力压迫在弹簧的作用下升起,整个刀体中间部分就被升起并能自如旋转。

（2）用内六角扳手手动反向转动电动机轴,观察各部件下降并锁定定位的运动过程。在正确的刀位附近,反向转动电动机轴,在反靠盘沿斜面下降与竖直螺杆带动夹紧齿盘下压夹紧的共同作用下,中间运动部分刀体下降,进行粗定位之后,螺杆带动夹紧齿盘下降,使它与动齿盘和定齿盘三者充分啮合,完成锁定定位。从而能够在切削时不发生转动,如图 2-7 所示。

图 2-7　锁紧的刀架

● 知识链接

刀架如何进行刀号定位

观察刀架顶端的电气结构,可以发现上面有四个小的黑方块形的电气元件,并且和电线相接,这个就是霍尔接近开关,在刀架上端固定不动的部分上焊接有一块小的磁钢片,当该刀具位置的霍尔开关接近磁钢片时,机床就会接受到磁感应信号,从而可以准确的判断当前几号刀在加工位置上。如果刀号与程序设定刀号一致则命令刀架电动机反转,进行锁定定位,如果刀号与设定不符则继续转动刀架直到刀号与设定一致为止。这就是数控车床识别刀号的原理,如图 2-8 所示。

图 2-8　刀号信号电路

● 完成任务

序号	评 判 项 目	评判结果
1	是否能够了解刀架机械组成部件	
2	是否了解刀架上升与正转的运动过程	
3	是否了解刀架反转与下降的运动过程	

● 思考与练习

(1)刀架主要由哪些机械部件组成？它们各起什么作用？

(2)刀架从刀架电动机开始正转到刀架锁定定位的运动过程是什么？

任务三　X 轴和 Z 轴的结构与拆装

● 任务引入

X 轴运动是刀架在中拖板的带动下，在垂直方向导轨上的运动。要确切知道沿 X 轴的运动过程与传动过程，就需要了解 X 轴的机械结构。

● 任务描述

对数控车床 X 轴部件进行拆装并观察机械结构。

● 任务分析

当刀架被拆除之后，就能很方便地观察到数控车床的 X 轴机械部件，主要由中拖板滑块、导轨、滚珠丝杠等机械机构组成。拆装这些部件，并观察与 X 轴相关各机械的具体运动与传动过程。整个拆装的过程必须保证在机床失电状态下进行。

● 工作过程

活动一　拆卸 X 轴机械部件。

(1)中拖板滑块:滑块上方有带内螺纹的孔,用来将刀架固定在滑块上面,滑块底部有与中部导轨形状相配合的槽,使得滑块能在中部导轨上自如滑动,如图2-9所示。

图2-9　X轴导轨

(2)导轨垫铁:在中拖板滑块与导轨间有一块扁平的导轨垫铁,它上面有几个凹坑,是导轨调整螺钉顶住其的位置,由此可见它的作用是通过调整导轨螺钉对其各个位置的松紧,从而能够调整中拖板滑块和中部导轨的间隙与平行度。

(3)拆卸X轴电动机:先将X轴电动机与机床的电气连接部分拆除。再将X轴的电动机的电动机轴从与中拖板的滚珠丝杠相连的联轴器中拔出,电动机就被拆除下来了,拆除的时候务必详细标记好电动机的接线端子与导线的对应方式,以便装回机床时不会出错,如图2-10所示。

图2-10　X轴电动机

(4)拆卸X轴方向的行程开关与挡块,如图2-11所示。

图2-11　X轴方向行程开关

三个行程挡块分别位于中拖板滑块的前部上端和后部下端。可以看到行程开关上有三个触点,来回移动中拖板就不难发现,在移动的负 X 轴方向那一端时,行程开关最上端的触点,会被挡块按下。可以想象最上端的触点是负 X 轴方向超程信号的触点,起到负 X 轴方向超程限位保护的作用。在把中拖板移动到正 X 轴方向这一端时,行程开关最下端的触点会被挡块按下,所以最下端的触点是正 X 轴方向超程信号的触点,起到正 X 轴方向超程限位保护的作用。

(5)滚珠丝杠螺母副:是由滚珠丝杠、滚珠螺母、滚珠等组成的螺旋传动部件。它可将传动变为直线运动,或者将直线运动变为传动。由于丝杠与螺母之间滚珠的存在,使得接触处的运动为滚动运动,而梯形滑动丝杠副、丝杠与螺母间是滑动运动。与梯形丝杠副相比,滚珠丝杠副具有效率高、精度高等优点,所以广泛地应用于数控机床、医疗设备、航空、汽车、半导体制造业等,如图 2-12 所示。

图 2-12 滚珠丝杆螺母副

(6)滚珠丝杠螺母副的装配:各个零件在装配前必须进行退磁处理,否则在使用时容易吸附微小的铁屑等杂物,会使丝杠副摩擦过大甚至损坏。经退磁的滚珠丝杠副各零件还要做清洗处理,常用煤油等物质清洗。清洗时要将各个部位彻底清洗干净,如螺纹底沟等。滚珠丝杠的装配方法是先将滚珠用黄油涂抹后安装在螺母的滚珠螺纹道内,在套筒的辅助支撑下将装满滚珠的螺母装到丝杠上。注意:装滚珠时,一个完整的循环里必须空出 $1 \sim 2$ 个滚珠直径的空间,这样会减少滚珠与滚珠的相互摩擦,有利于提高滚珠丝杠副的效率。

活动二 拆卸 Z 轴有关的机械部件

Z 轴方向与 X 轴方向机械结构类似,拆装过程接近,只不过滚珠丝杠更长,在拆装时要注意保持滚珠丝杠均匀受力,避免造成滚珠丝杠变形。另外在拆装时可能会有轴承结构,在拆装时要注意观察轴承的正反,如图 2-13 所示为 Z 轴机械结构。

图 2-13 Z 轴电动机

● **知识链接**

（1）滚珠轴承。滚珠轴承常用于机械转动的连接机构中。滚珠轴承分为正反两面，一般正面圆形滚珠槽间隙较宽，反面圆形滚珠槽间隙较窄。安装轴承时一般采用宽面对宽面，窄面对窄面的原则进行装配。装反的话会影响轴承之间的配合和传动效率。图 2-14 所示为滚珠轴承。

图 2-14　轴承的正面与反面

（2）数控机床常用的轴向伺服电动机一般有步进电动机、交流电动机、直流电动机等，通过电动机的铭牌和标志可以看出电动机的类型，如图 2-15 所示。

图 2-15　步进电动机铭牌

● **完成任务**

序号	评 判 项 目	评判结果
1	是否了解 X 轴的机械结构	
2	是否了解 Z 轴的机械结构	
3	是否了解了滚珠丝杠的机械结构与装配方法	

● **思考与练习**

（1）如何调整 X 轴导轨的平行度与间隙？

（2）如何改变 X 轴或 Z 轴的限位行程？

任务四 主轴的机械结构与拆装

● **任务引入**

对于数控车床来说主轴是带动工件按规定转速旋转的部件,对于数控铣床等机床来说主轴是带动刀具按规定转速旋转的部件。

● **任务描述**

拆装数控车床主轴,并观察其机械结构,掌握其传动过程。

● **任务分析**

主轴包括卡盘、主轴箱、皮带轮、主轴电动机等部分。在拆装过程中要注意分析其机械结构和转动过程。

● **工作过程**

活动一 卡盘的拆装

（1）卡盘的拆卸。卡盘位于数控车床主轴套筒的前端,通过卡盘后方的内六角螺栓与主轴端部相连,使用内六角扳手就能将卡盘整体拆卸下来,如图 2-16 所示。

图 2-16 拆卸卡盘

（2）卡爪的拆装。以最常见的三爪卡盘为例,卡爪位于卡盘的前端,它的作用是固定加工工件,使用卡盘扳手,可以很方便地将卡爪拆下。仔细观察卡爪表面和卡盘内部凹槽,可以发现每个卡爪与卡盘凹槽都有固定的对应标志,如 1、2、3 等,由此可知卡爪和卡盘凹槽的位置是固定的,是一一对应的,在安装卡爪时要按照标志指示对应位置安装,不可装错。否则会影响卡盘的定位精度与夹紧力,如图 2-17 所示。

（a）卡盘座　　　　　　　　　　　（b）被拆下的卡爪

图 2-17　拆卸卡爪

活动二　主轴箱的拆装

拆下主轴箱上部端盖，就可以基本看见数控车床的主轴箱的全部机械构件，因为不需要依靠齿轮配合进行传动调速，所以主轴箱内的机械结构也比较简单，主要就是主轴套筒被固定在主轴箱中，所以现在数控机床有的主轴箱就是较小的圆形床头箱。为了保护主轴，有的主轴箱还是留有注油孔和机油在箱体内部。

活动三　传动皮带的拆装

在主轴和主轴电动机上都有带有凹槽的皮带轮，通过皮带使得它们能够产生传动，当发生皮带破损和老化时就需要更换传动皮带。用敲杆卡住皮带和皮带轮的相交处，手动转动皮带轮，同时将皮带向凹槽外撬动，就可以将传动皮带拆下。安装时先将皮带一端放进凹槽内，另一端将大部分皮带放入凹槽，将敲杆放置在皮带与带轮凹槽之间，手动转动皮带轮，同时将皮带往凹槽内撬动，就可以方便地安装上传动皮带，操作方法要正确，不用费很大力气，如图 2-18 所示。

图 2-18　拆装传动皮带

活动四　主轴电动机的拆装

（1）将电动机座上的固定螺钉拆除，就可以拆下主轴电动机。

（2）一般在主轴电动机旁都还安装了一个旋转编码器等主轴检测装置，通过齿轮和主轴电动机轴相连。注意仔细观察其铭牌与传动方式。

● **知识链接**

（1）主轴的传动。由主轴电动机带动，通过传动带，带动主轴按规定转速进行转动。

（2）主轴检测装置。用于检测主轴的转向、转速以及准停信号。从而能够及时地反馈给数控系统主轴的状态，为系统实时控制主轴动作提供信息。常见的主轴检测装置有旋转编码器等，如图 2-19 所示。

图 3-19　主轴检测装置

● **完成任务**

序号	评　判　项　目	评判结果
1	是否了解主轴总体机械结构	
2	是否掌握卡盘的拆装方法	
3	是否掌握主轴的传动过程	

● **思考与练习**

（1）主轴的传动过程是什么？

（2）主轴的检测装置有哪些？它们的作用是什么？

项目三 数控机床的机械部件调试

任务一 数控机床常用检测工具的认识与使用

● 任务引入

测量是检测机床精度的基本手段,通过测量可以知道机床导轨的水平度、导轨与滚珠丝杠的平行度、刀架与主轴的垂直度等各种机床数据。从而为我们调试机床提供准确的依据。常用量具有游标卡尺、千分尺、百分表、水平仪等。正确、规范地使用各种量具,是我们得到正确检测结果的必要保证。

● 任务描述

认识并学会规范使用数控机床检测常用量具。

● 任务分析

数控机床检测的常用量具的种类和规格很多,我们主要掌握一些常用量具如游标卡尺、千分尺、百分表、水平仪的使用,达到触类旁通的目的即可,关键是要正确规范的使用量具,这对于初学量具的人来说是非常重要的。

● 工作过程

活动一 游标卡尺的认识与使用

游标卡尺是一种中等精度的量具,主要用来检测工件的外径、孔径、长度、宽度、深度、孔距等尺寸。常用的游标卡尺有普通游标卡尺、深度游标卡尺、高度游标卡尺、齿厚游标卡尺等。其结构形式如图3-1所示。

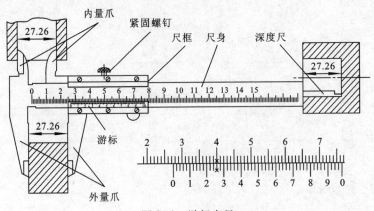

图3-1 游标卡尺

1. 游标卡尺的结构

测量时,旋松紧固螺钉可使活动尺身沿固定尺身移动,并通过游标和固定尺身上的刻线进行读数,在调节尺寸时可先将微调装置上的紧固螺钉旋紧,再通过外部的微调螺母与螺杆配合推动活动尺身前进或后退,从而获得所需要的尺寸,前端量爪可分别用来测量外径、孔径、长度、宽度、孔距等,后端测深杆可用来测量深度尺寸。

2. 游标卡尺的读数方法

游标卡尺测量工件时,读数方法分为三个步骤:

(1)先读出整数部分,即游标零刻线左边尺身上最靠近的一条刻线。

(2)再读小数部分,即游标零线右边与尺身重合的刻线。

(3)将读数的整数部分与小数部分相加即为所求的读数。

举例见图3-2。

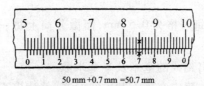

50 mm +0.7 mm =50.7 mm

图3-2 正确读取数据

3. 游标卡尺的使用要点

(1)测量前先把量爪和被测量表面擦干净,检查游标卡尺各部件的相互作用,如尺框移动是否灵活,紧固螺钉能否起作用等。

(2)校对零位的准确性。两量爪紧密贴合,应无明显的光隙,尺身零线与游标零线应对齐。

(3)测量时,应先将两量爪张开到略大于被测工件尺寸,再将固定量爪的测量面紧贴工件,轻轻移动活动量爪至量爪接触工件表面为止,如图3-3所示,并找出最小尺寸。测量时,游标卡尺测量面的连线要垂直于被测表面,不可处于歪斜位置见图3-4,否则测量不准确。

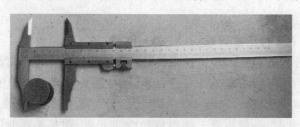

图3-3 测量过程

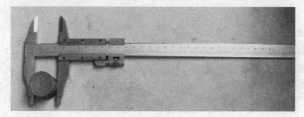

图3-4 正确测量方式

活动二 千分尺的认识与使用

千分尺是一种精密量具,测量精度比游标卡尺高,而且比较灵敏。其规格按测量范围可分为:0 ~ 25 mm、25 ~ 50 mm、50 ~ 75 mm、75 ~ 100 mm、100 ~ 125 mm 等,使用时按被测工件的尺寸选取。千分尺的制造精度分为 0 级和 1 级,0 级精度最高,1 级精度稍差。其制造精度主要由它的示值误差和量测量面平行误差的大小来决定。其结构如图 3-5 所示。

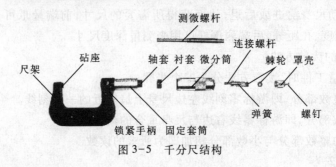

图 3-5 千分尺结构

1. 千分尺的读数方法

千分尺的固定套筒管的每一格为 0.5 mm,而微分筒上每一格为 0.01 mm,千分尺的具体的读数方法分为以下三步:

(1)读数固定套管上露出刻线的毫米及半毫米数。

(2)看微分筒上哪一格与固定套管上基准线对齐,并读出不足半毫米的小数部分。

(3)将两读数相加,即为测得的实际尺寸。

举例见图 3-6。

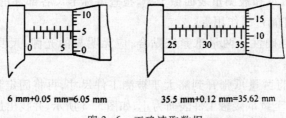

6 mm+0.05 mm=6.05 mm   35.5 mm+0.12 mm=35.62 mm

图 3-6 正确读取数据

2. 千分尺的使用方法

(1)测量前应检查零位的准确性。

(2)测量时,千分尺的测量面和工件的被测量表面应擦拭干净,以保证测量正确。

(3)千分尺可单手或双手握持对工件进行测量,如图 3-7 所示。单手测量时旋转力要适当,控制好测量力。双手测量时,先转动微分筒,当测量面刚接触工件表面时再改用棘轮。

(4)测量平面尺寸时,一般测量工件四角和中间五点,狭长平面测两头和中间三点,如图 3-8 所示。

图 3-7 单手测量   图 3-8 双手测量

3. 千分尺的保养方法

(1)千分尺使用过后应擦拭干净,并将测量面涂防锈油。

（2）千分尺使用时，不可与工具、刀具、工件等混放，用完后放入盒内。

（3）定期送计量部门进行精度鉴定。

活动三　水平仪的认识和使用

1. 水平仪的作用

水平仪有条形水平仪、框式水平仪、光学合像水平仪和电子水平仪等，如图 3-9 所示。水平仪的主要作用是用来检验平面对水平或垂直位置的误差。有时也用来检验数控机床导轨的直线度误差、机件的相互平行表面的平行度误差、相互垂直面的垂直度误差以及机件上微小的倾角等。

图 3-9　水平仪外形

2. 水平仪的读识

水平仪放在被测量面时，由于被测量面不水平，则水平仪上的气泡会偏离中间位置。这时可以用气泡位置和刻度标志，对水平仪进行读识如图 3-10 所示。

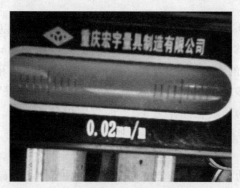

图 3-10　水平仪的读识

水平仪的读识方法有两种。一种是绝对读数法，即按气泡的位置读数，气泡在中间位置时读作 0、偏向起始端为负数、偏离起始端为正数；另一种是相对读数法，即将水平仪在起始端测量时的气泡位置读作 0，以后根据气泡移动方向与水平仪移动方向一致为正数，表示测量面上倾斜，如果方向相反则为负数。

活动四　百分表的认识与使用

1. 百分表的认识

百分表是用来检验数控机床精度和测量工件尺寸、位置和形状误差的一种量具，如图 3-11所示。分度值为 0.01 mm，即百分之一毫米，所以叫百分表。按照测量范围不同分为外部百分表、杠杆百分表、内径百分表。为了测量方便，表头经常通过可自如转动的表杆连接在磁性底座上。

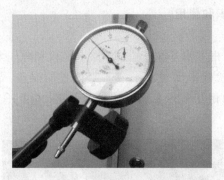

图 3-11　百分表

2. 百分表的读数

从图 3-11 中可以看出，百分表外部由测头、齿杆、表盘、表圈、长指针和短指针构成。当测头接触到被测点时，带弹性的活动测头会产生伸缩，从而长指针与短指针会产生相应方向的转动，常用的百分表长指针转动 1 圈的周节是 0.5 mm，对应的表盘上的刻度为 50格，所以表盘上每变化 1 格为 0.01 mm，当长指针转动超过 1 圈时，短指针会转动 1 格，所以短指针 1 格读数为 0.5 mm，将短指针刻度的改变值加上长指针刻度的改变值就是百分表的读数。一般在使用百分表前要转动表盘，将长指针放至 0 位，或者记录下表的当前刻度，才能精确地观察到改变的刻度。

● 知识链接

水平仪的刻度原理：0.02/1 000 规格的水平仪的刻度原理是以气泡偏移 1 格，表面所倾斜的角度 θ，或者气泡偏移一格，表面在 1m 内倾斜的高度差用 Δh 来表示。如果把 0.02/1 000 的水平仪放在 1 m 长的直尺上，把直尺一端垫高 0.02 mm，即相当于水平仪回转角度为 4″，这时水平仪气泡便移动 1 格，如果水平仪放在 200 mm 长的垫铁上，其一端垫高 0.004 mm 则水平仪回转的角度也同样为 4″，此时气泡也移动 1 格。因此如果两点距离不等于 1 000 mm 时，就应进行换算，其公式为

$$\Delta h = li$$

式中　Δh——水平仪移动 1 格时两支点在垂直面内的绝对差值，mm；

　　　l——两支点距离，mm；

　　　i——水平仪刻度值(0.02/1 000)。

● 完成任务

序号	评 判 项 目	评判结果
1	能否正确认识与使用游标卡尺与千分尺	
2	能否正确认识与使用水平仪	
3	能否正确认识与使用百分表	

● 思考与练习

（1）用游标卡尺测量自己使用的水笔的直径。

（2）百分表的短指针与长指针的转向与刻度的动作关系是怎样的？

任务二 数控机床水平的调整

● 任务引入

数控机床的水平度，会直接影响到加工的精度和质量，因此在数控机床使用过程中要定期对数控机床的水平度做检测和调整。因此数控机床水平度的调整是数控维修时一项常用的技能。

● 任务描述

利用水平仪检测数控机床的水平度，根据不断检测的结果调整数控机床水平。

● 任务分析

对于常用的数控机床来说，水平包括轴向和径向两个方向，因此一般要在数控机床的轴向和径向上放置两个水平仪，同时进行检测，并根据实时的检测结果，进行对应的调整。数控机床水平的调整方法有很多，这里练习比较常用的通过调整地脚螺钉调整机床水平的方法。

● 工作过程

活动一 数控机床水平的检测

将两个水平仪放置在数控机床的轴向和径向上，一般轴向放在机床轴向导轨上，径向放在径向导轨上，如图 3-12 所示。以平床身数控车床为例，就是将轴向水平仪平行放置在大拖板的导轨上，径向水平仪垂直于轴向水平仪放置在中拖板导轨上。对于斜床身的数控机床，在不方便放置水平仪的位置，可以借助水平胎等工具放置。

（a）轴向水平度的检测

（b）径向水平度的检测

图 3-12 数控机床水平的检测

活动二 数控机床水平的调整

（1）观察轴向与径向水平仪气泡情况，对数控机床水平面上各个支点的高低做出大体判断。气泡所在偏向的一方为高，反向为低，如图 3-13 所示。

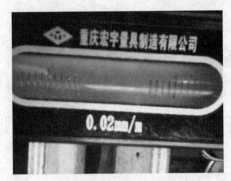

图 3-13 水平仪气泡

（2）数控机床水平的调整：一般在数控机床底部都有活动垫铁或者地脚螺钉，使用大型的活动扳手转动地脚螺钉，就可以很方便地调整每个地脚螺钉所在支点的高度，一般逆时针转动地脚螺钉为升高，顺时针转动地脚螺钉为降低，如图 3-14 所示。同时观察轴向与径向水平仪气泡的偏移情况，先调整偏差较大的那个方向的地脚螺钉，然后根据气泡的不断变化，实时地做出调整思路，直到两个水平仪的气泡都处于中间位置为止，至此数控机床的水平就调整完毕。注意：在观察水平仪的时候，不要在气泡运动的时候观察，要等气泡静止了再观察，这样才能得到正确的结果。

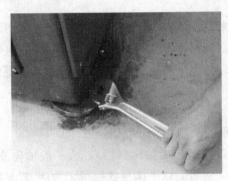

图 3-14 数控机床水平的调整

● 知识链接

（1）在数控机床的床身水平调整好以后在一段时间内，可能又会出现数控机床不水平的问题，这是由于加工时机床振动和地基松动的原因造成的，这时就要做出二次水平的调整。

（2）在数控机床床身水平调整好后，数控机床还可能受到其他因素的影响而影响加工精度，比如导轨面的平直，刀架的水平等，这时候只调整床身的水平是无法解决问题的，就需要我们通过修刮导轨面，磨削间隙垫铁等手段来调整各个器件的水平。

● 完成任务

序号	评 判 项 目	评判结果
1	是否掌握水平仪的用法	
2	是否会调整数控机床轴向与径向单个方向的水平	
3	是否会调整数控机床整体水平	

● **思考与练习**

（1）对于斜床身的数控机床，水平仪该如何放置？

（2）在数控机床调整的过程中，如果径向水平仪的气泡位置在中间，而轴向水平仪的气泡位置偏向床头侧。该如何调整机床的地脚螺钉？

任务三　数控机床轴线与刀架移动的平行度的检测与调整

● **任务引入**

数控机床轴线与刀架移动精度，决定了加工工件的形状及精度。移动精度是一个很重要的精度。

● **任务描述**

检测数控机床轴线与刀架移动的平行度并学会调整的方法。

● **任务分析**

以常见的数控车床为例，利用百分表检测主轴轴线与刀架移动的平行度。并学会简单地对平行度误差进行纠正的方法。

● **工作过程**

活动一　数控车床主轴轴线与刀架移动的侧母线平行度的检测

（1）选择合适大小的主轴检验棒，将主轴检验棒插入主轴锥孔中，如图3-15所示。当听见一声清脆的金属撞击的声音，手无法将检验棒松动时，就说明正确安装了检验棒，否则说明主轴检验棒安装不正确，要重新进行安装。

（2）组装百分表，将百分表的磁性底座固定在溜板上，使其测头触及检验棒的中心水平面侧面的表面，并位于靠近床头一侧，将测头压下2 mm左右，如图3-16所示。

图3-15　主轴检棒

图3-16　侧母线打表开始

（3）将百分表回零。平行于主轴检验棒方向，向着床尾的位置缓慢移动溜板，根据检验棒的长度而移动合适的距离后停止，如图 3-17 所示。在移动的过程中要注意百分表指针的变化，并及时准确地记录数据。一般顺时针变化为正值，逆时针变化为负值。记录下最终的数据后，将溜板带动百分表调整到开始的位置，将主轴检验棒旋转 180°，重复上述步骤再检测一次。最后将两次检测的结果相加后除以 2，就是主轴轴线与刀架移动侧母线平行度的检测结果。

图 3-17　侧母线打表结束

活动二　数控车床主轴轴线与刀架移动上母线平行度的检测

（1）将合适的主轴检验棒插入主轴锥孔中，也可以继续使用前一个活动的检验棒。

（2）将百分表固定在溜板上靠近床头那一端，测头位于检验棒的上端，使得测头触及检验棒上端表面，并压下测头 2 mm 左右，先让溜板带动百分表在 X 轴方向来回移动几次，观察百分表的指针的摆动情况，确定最高点。使百分表停留在最高点处，这里就是上母线的位置。平行于主轴检验棒方向，向着床尾的位置缓慢移动溜板，根据检验棒的长度而移动合适的距离后停止。在移动的过程中要注意百分表指针的变化，并及时准确的记录数据。一般顺时针变化为正值，逆时针变化为负值。记录下最终数据后，将溜板带动百分表调整到开始的位置，将主轴检验棒旋转 180°，用百分表的测头重新找到上母线位置后，重复上述步骤再检测一次。最后将两次检测的结果相加后除以 2，就可得到主轴轴线与刀架移动上母线平行度的检测结果，如图 3-18 所示。

图 3-18　上母线打表

活动三 主轴轴线与刀架移动平行度的调整

在主轴箱的两侧会有一些调节定位螺钉,对主轴有各个方向拉伸或者内顶的功能,如图 3-19 所示。

图 3-19 调整床头螺钉

将锁紧螺母松开,根据检测的结果判断主轴轴线偏移的方向,相应的松开或锁紧对应的调节定位螺钉,再次检测平行度,如此反复直至达到合格数据范围。再锁紧螺母,就能很方便的调整主轴平行度,如图 3-20 所示。

(a)定位螺钉

(b)调节螺钉

图 3-20 调整床头侧面调节螺钉

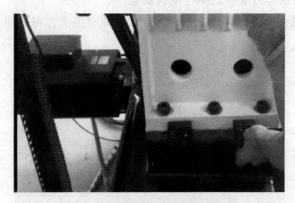

(c)手动调整调节螺钉

图 3-20　调整床头侧面调节螺钉(续)

数控机床上的很多平行度都可以按照上述方法测量与调整。

● 知识链接

平行度的计算

平行度检测的测量位置的不同和结果的正负,结合起来判断就可以判断出主轴轴线的位置是上偏、下偏、前偏、还是后偏。

例题:用百分表和检验棒来检验车床溜板移动对主轴轴线平行度时,侧母线、上母线方向均回转主轴180°作两次检测,百分表各读数如下:

侧母线方向:第一次近床头处 0 格,远床头 300 mm 处顺时针方向 2 格,回转主轴180°后,近床头处 0 格,远床头 300 mm 处逆时针方向 0.5 格。

上母线方向:第一次近床头处 0 格,远床头 300 mm 处顺时针方向 1 格,回转主轴180°后,近床头处 0 格,远床头 300 mm 处顺时针方向 1.5 格。

请分别计算侧母线、上母线方向的水平度,并判断出主轴误差偏向。

答:

侧母线水平度 = [0.02/300 + (−0.005)/300]/2 = 0.0075/300 前偏

上母线水平度 = (0.01/300 + 0.015/300)/2 = 0.0125/300 上偏

● 完成任务

序号	评　判　项　目	评判结果
1	是否会检测侧母线水平度	
2	是否会检测上母线水平度	
3	是否会对主轴水平度做简单的调整	

● 思考与练习

(1)检测主轴轴线平行度的步骤是什么?

(2)为什么上母线轴线水平度检测的时候要找最高点?

任务四　主轴误差的检测与调整

●任务引入

数控机床使用时间长了或者机床在机械制造和装配中出现问题,主轴就会产生误差,从而影响机床加工质量。

●任务描述

对数控机床主轴的误差进行检测,并学会简单的主轴调整方法。

●任务分析

以常见的数控车床为例,对主轴的跳动和窜动误差进行检测,根据误差结果,以重新装配的方式达到主轴误差调整的目的。

●工作过程

活动一　主轴径向圆跳动的检测

检测主轴径向圆跳动,如图 3-21 所示。

图 3-21　检测主轴径向圆跳动

将百分表固定在床身上,百分表测头垂直触及主轴伸出的轴颈的表面,将测头压入 1 mm 左右,记下百分表起始数据或者将百分表归零,沿着主轴径向加一个力,使得主轴均匀转动,百分表读数变化最大值就是径向圆跳动误差。(一般允差为 0.01 mm)。

活动二　主轴轴向窜动的检测

检测主轴轴向窜动,如图 3-22 所示。

固定百分表在床身上,百分表测头触及插入主轴锥孔的检验棒端部中心的钢球上,将测头压入 1 mm,记下百分表起始数据或者将百分表归零,慢速均匀转动主轴,百分表读数变化的最大值就是轴向窜动误差。

图 3-22 检测主轴轴向窜动

活动三 主轴误差的调整

主轴的结构如图 3-23 所示。

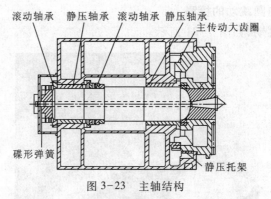

图 3-23 主轴结构

主轴的机械结构较复杂,几乎每个部件都会影响到主轴的精度,所以产生主轴的误差的原因会比较多,因此要调整主轴的误差,经常要重新装配整个主轴,以下介绍主轴装配的步骤:

(1)装拉杆。检测拉杆圆跳动,清洗拉杆、弹簧等元件,拉杆前装刀爪。

(2)清洗和检查主轴套筒。检测主轴套筒的跳动以及相关轴承的磨损与定位情况。

(3)将拉杆装入主轴中。拉杆顺主轴前端装入,按顺序装套、弹簧、慢慢敲进。然后固定螺钉。

(4)密封套装入压紧套。在密封套装 O 形圈,再将密封套安装在压紧套上。

(5)往主轴上装压紧套、隔套、轴承。

(6)往主轴上装轴承套。把压紧套拧在轴承套。

(7)装主轴后端零件。整机跑合。

● 知识链接

在具体装配数控机床时,要根据数控机床装配工艺卡或者装配手册的规定,来进行规范合理的装配。在装配的过程中对工艺卡要求的每个精度都有做合理的检测和调整,在装配时还要认真做好清洗、去毛刺、涂油等维护保养工作。

● **完成任务**

序号	评 判 项 目	评判结果
1	是否学会检测主轴径向跳动	
2	是否学会检测主轴轴向窜动	
3	是否了解主轴装配的步骤和工艺	

● **思考与练习**

（1）如何检测主轴的跳动与窜动?

（2）装配主轴时要注意哪些问题?

项目四　数控机床的电气元件与布置接线

任务一　数控机床常用低压电器

• 任务引入

低压电器的好坏,直接影响到数控机床各种功能的实现。掌握低压电器的相关知识,有利于数控机床电气控制的故障分析,是数控机床维护和修理的重要基础。本任务就来学习数控机床常用低压电器的有关知识。

• 任务描述

学习机床上常用的低压电器,首先必须要认识它们的结构,进而从结构上理解它们的工作原理以及在电路中的功能。

• 任务分析

低压电器的种类很多,有的是起控制作用的,有的是起保护作用的,搞清楚它们所起的作用,更利于学习这些低压电器的结构、原理与功能。

• 知识链接

一、低压电器的作用

低压电器能够依据操作信号或外界现场信号,自动或手动地改变电路的状态、参数,实现对电路或被控对象的控制、保护、测量、指示、调节。

低压电器的作用有:

(1)控制作用。如电动机的正转、反转和停止等。

(2)保护作用。能根据设备的特点,对设备、环境以及人身实行自动保护,如电动机的过载保护、电网的短路保护、漏电保护等。

(3)测量作用。利用仪表及与之相适应的电器,对设备、电网或其他非电参数进行测量,如电压、电流、功率、转速、温度、湿度等。

(4)调节作用。低压电器可对一些电量和非电量进行调整,以满足用户的要求,如电动机转速的调节等。

(5)指示作用。利用低压电器的控制、保护等功能,检测出设备运行状况与电气电路工作情况,如绝缘监测、故障指示等。

(6)转换作用。在用电设备之间转换或对低压电器、控制电路分时投入运行,以实现功能切换,如励磁装置手动与自动的转换等。

当然,低压电器的作用远不只这些,随着科学技术的发展,新功能、新设备会不断出现。常用低压电器的主要种类及用途如表4-1所示。

表 4-1　常见的低压电器的主要种类及用途

序号	类别	主要品种	用途
1	断路器	塑料外壳式断路器 框架式断路器 限流式断路器 漏电保护式断路器 直流快速断路器	主要用于电路的隔离,有时也能分断负荷
2	刀开关	开关板用刀开关 负荷开关 熔断器式刀开关	主要用于电路的隔离,有时也能分断负荷
3	转换开关	组合开关 换向开关	主要用于电源切换,也可用于负荷通断或电路的切换
4	主令电器	按钮 限位开关 微动开关 接近开关 万能转换开关	主要用于发布命令或程序控制
5	接触器	交流接触器 直流接触器	主要用于远距离频繁控制负荷,切断带负荷电路
6	启动器	磁力启动器 星-三角启动器 自耦减压启动器	主要用于电动机的启动
7	控制器	凸轮控制器 平面控制器	主要用于控制回路的切换
8	继电器	电流继电器 电压继电器 时间继电器 中间继电器 温度继电器 热继电器	主要用于控制电路中,将被控量转换成控制电路所需电量或开关信号
9	熔断器	有填料熔断器 无填料熔断器 半封闭插入式熔断器 快速熔断器 自复熔断器	主要用于电路短路保护,也用于电路的过载保护
10	电磁铁	制动电磁铁 起重电磁铁 牵引电磁铁	主要用于起重、牵引、制动等场合

二、低压电器的分类

数控机床低压电器品种繁多,分类的方法也很多,按用途可分为以下三类:

(1)控制电器。控制电动机的启动、制动、调速等动作,如开关电器、信号控制电器、接触器、继电器、电磁启动器、控制器等。

(2)保护电器。保护电动机和生产机械,使其安全运行,如熔断器、电流继电器、热继电器等。

(3)执行电器。带动生产机械运行或保持机械装置在固定位置上的一种执行元件,如电磁阀、电磁离合器等。

三、主令电器

1. 控制开关

在数控机床上,常见的控制开关有:①用于主轴、冷却、润滑及换刀等控制按钮,这些按钮往往内装有信号灯,一般绿色用于启动,红色用于停止。②用于程序保护,钥匙插入方可旋转操作的旋钮式可锁开关。③用于紧急停止,装有突出蘑菇形钮帽的红色急停开关。④用于坐标轴选择、工作方式选择和倍率选择等需要手动旋转操作的转换开关。⑤用于控制卡盘夹紧、放松,尾架顶尖前进、后退的脚踏开关等。

如图4-1所示,常态(未受外力)时,在复位弹簧作用下,静触点与桥式动触点闭合,习惯上称为动断(常闭)触点;静触点与桥式动触点分断,称之为动合(常开)触点。当按下按钮时,动触点先和动断触点分断,然后再和动合触点闭合。控制开关图形符号如图4-2所示。

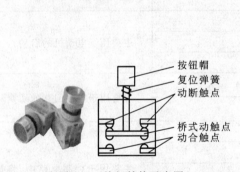

图4-1 按钮结构示意图

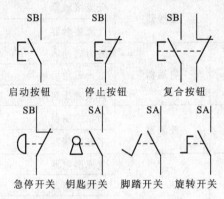

图4-2 控制开关图形符号

2. 行程开关

行程开关又称限位开关,它将机械位移量转变为电信号,以控制机械运动。按结构可分为按钮式(直动式)、旋转式(滚动式)和微动式。

3. 接近开关

这是一种在一定距离(几毫米至十几毫米)内检测有无物体的传感器。它给出的是高电平或低电平的开关信号,有的还具有较大的带负载能力,可直接驱动继电器工作。

接近开关具有灵敏度高、频率响应快、重复定位精度高、工作稳定可靠及使用寿命长等优点。

四、接触器与继电器

接触器与继电器是数控机床中电动机控制和信号传递的器件,是连接数控装置、可编程序控制器与强电和执行部件的枢纽,也是发生故障最多的器件之一。掌握它们的结构、原理和检测方法,是数控机床维修的基础。

1. 接触器

在数控机床的电气控制中,接触器用来控制如主轴电动机、油泵电动机、冷却泵电动机、润滑泵等电动机的频繁起停及驱动装置的电源接通和切断等。它由触点、电磁机构、弹簧、灭弧装置和支架底座等组成,通常分为交流接触器和直流接触器两类。

如图4-3所示,当电磁线圈得电后,电磁系统即把电能转变为机械能,所产生的电磁力克服缓冲弹簧与触点弹簧的反作用力,使铁心和衔铁吸合,并带动动触桥与静触点闭合,从而完成接通主电路的操作。当电磁线圈失电或电压显著下降时,由于电磁力消失或过小,衔铁与动触桥则在弹簧反作用力作用下跳开。

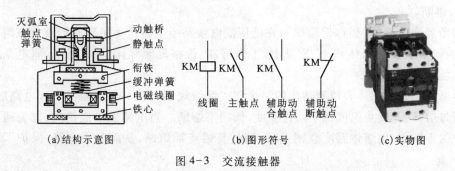

(a)结构示意图　　　　　(b)图形符号　　　　　(c)实物图

图4-3　交流接触器

接触器常见的故障有:

(1)线圈过热或烧损。这是线圈电压过高(或过低)、操作频率过高等因素导致的。

(2)噪声大。这是线圈电压低、触点弹簧压力过大或零件卡住等因素导致的。

(3)触点吸不上。这往往和电压过低、触点接触不良及弹簧压力过大等因素有关。

(4)触点不释放。这和触点弹簧压力过小、触点熔焊及零件卡住等因素有关。

2. 继电器

继电器是一种根据外界输入的信号来控制电路中电流"通"与"断"的自动切换电器。它主要用来反映各种控制信号,其触点通常接在控制电路中。继电器和接触器在结构和动作原理上大致相同,但前者在结构上体积小,动作灵敏,没有灭弧装置,触点的种类和数量也较多。

(1)中间继电器。中间继电器在电路中主要起信号传递与转换的作用。由于中间继电器触点多,可实现多路控制,将小功率的控制信号转换为各继电器的触点动作,以扩充其他电器的控制作用,在数控机床中常采用线圈电压为直流 24 V 的中间继电器。图4-4所示为中间继电器结构示意图和图形符号。

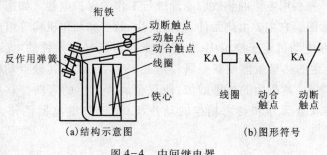

(a)结构示意图　　　　　(b)图形符号

图4-4　中间继电器

（2）电压继电器。电压继电器用于电力拖动系统的电压保护和控制。其线圈并联接入主电路,感测主电路的线路电压,触点接入控制电路,为执行元件。按吸合电压的大小,电压继电器可分为过电压继电器和欠电压继电器。

（3）电流继电器。电流继电器用于电力拖动系统的电流保护和控制。其线圈串联接入主电路,用来感测主电路的线路电流,触点接入控制电路,为执行元件。常用的电流继电器有欠电流继电器和过电流继电器两种。

五、保护电器

保护电器是数控机床安全运行的保障,掌握其结构和原理,对保护数控机床安全和操作人员的人身安全,有着重要的作用。

1. 熔断器

熔断器内装熔丝(俗称保险丝),在低压配电线路中主要作为短路和严重过载时的保护用。它具有结构简单、体积小、质量小、工作可靠、价格低廉等优点,在强电、弱电系统中都得到广泛的应用。

熔断器主要由熔体和放置熔体的绝缘管或绝缘底座组成。当熔断器串入电路时,负载电流流过熔体,其发热温度低于熔化温度,长期不熔断。当电路发生短路时,电流超过了熔体允许的正常值,使熔体温度急剧上升,超过其熔点而熔断,从而分失电路,保护了电路和设备。

熔断器主要有瓷插(插入)式、螺旋式和密封管式三种类型。它的外形及符号如图4-5所示。

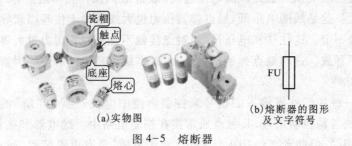

(a)实物图　　　　　(b)熔断器的图形及文字符号

图4-5　熔断器

2. 热继电器

电动机在实际运行中,短时过载是允许的,但如果长期过载,欠电压运行或断相运行等,都可能使电动机的电流超过其额定值,这样将引起电动机过热,导致绝缘部分烧坏、绕组烧毁,缩短电动机的使用寿命,因此必须采取过载保护措施。最常用的是利用热继电器进行过载保护,如图4-6(a)所示为热继电器实物图。

热继电器是一种利用电流的热效应原理进行工作的保护电器。如图4-6(b)所示为热继电器的结构示意图。它主要由热元件、双金属片、触点和动作机构等组成。

热元件串接在电动机定子绕组中,绕组电流即为流过热元件的电流。当电动机正常工作时,热元件产生的热量虽能使双金属片弯曲,但不足以使其触点动作。当过载时,流过热元件的电流增大,其产生的热量增加,使双金属片产生的弯曲位移增大,从而推动导板,带动温度补偿双金属片和与之相连的动作机构,使热继电器动作,切失电动机控制电路。

（a）　热继电器实物图

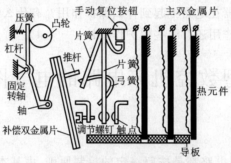

（b）　双金属片式热继电器结构图

图 4-6　热继电器

热继电器的选择主要根据电动机额定电流的大小来确定热继电器的型号及热元件的额定电流等级。热继电器的符号如图 4-7 所示。

3. 低压断路器

低压断路器又称自动空气开关，它是一种既有手动开关作用，又能自动进行失压、欠压、过载和短路保护的电器。它可用来分配电能，而不频繁地启动异步电动机，对电源电路及电动机等实行保护。当它们发生严重的过载、短路及欠压等故障时能自动切失电路，其功能相当于熔断器式开关与过、欠、热继电器的组合。在分断故障电流时，一般不需要变更零部件，故获得了广泛的应用。

低压断路器由操作机构、触点、保护装置（各种脱扣器）、灭弧系统等组成，如图 4-8 所示是低压断路器的内部结构图。

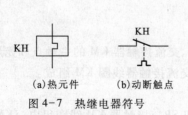

（a）热元件　　（b）动断触点

图 4-7　热继电器符号

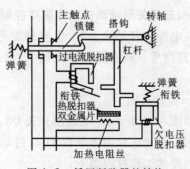

图 4-8　低压断路器的结构

• **完成任务**

序号	评　价　项　目	评判结果
1	能否识别各低压电器并能认识它的结构	
2	能否说出各种低压电器的工作原理	
3	能否说出各种低压电器的作用	

• **思考与练习**

(1)熔断器和热继电器在电路中起到什么保护作用? 有什么区别?

(2)接触器除了控制作用还有哪些保护作用?

任务二　典型数控机床电路的电气图与接线规范

• **任务引入**

任何复杂的电气控制电路都是按照一定的控制原则,由基本的典型控制电路组成的。典型控制电路是学习电气控制的基础,特别是对生产机械整个电气控制电路工作原理的分析有很大的帮助。下面来学习数控机床常用的几种典型电气控制电路。

• **任务描述**

典型电气控制电路主要包括:直接启动控制电路、正反转控制电路、位置原则的控制电路、时间原则的控制电路、速度原则的控制电路等,在读懂电气原理图的基础上,理解电路的工作原理,并能以此画出安装布置图。

• **任务分析**

学习电路的时候要注重分析电路之间的异同,对于点动、自锁、互锁等概念也要能予以区别,这样能更好地学习这些典型电路。

• **知识链接**

一、三相笼形电动机直接启动控制电路

在电源容量足够大时,小容量笼形电动机可直接启动。直接启动的优点是电气设备少,线路简单。缺点是启动电流大,易引起供电系统电压波动,干扰其他用电设备的正常工作。

1. 点动控制

如图4-9所示,主电路由开关 QS、熔断器 FU1、交流接触器 KM 的主触点和笼形电动机 M 组成。控制电路由熔断器 FU2、启动按钮 SB 和交流接触器线圈 KM 组成。

电路的工作过程如下:

启动过程:先合上电源开关 QS→按下启动按钮 SB→接触器 KM 线圈得电→KM 主触点闭合→电动机 M 得电直接启动。

停止过程:松开启动按钮 SB→KM 线圈失电→KM 主触点断开→电动机 M 失电停转。

按下按钮,电动机启动;松开按钮,电动机停转,这种控制就叫点动控制。它能实现电动机短时运转,常用于机床的对刀调整和电动葫芦等控制电路。

2. 自锁控制

在实际生产中,往往要求电动机实现长时间连续转动,即长动控制。如图 4-10 所示,主电路由开关 QS、熔断器 FU1、接触器 KM 的主触点、热继电器 KH 的发热元件和电动机 M 组成。控制电路由熔断器 FU2、热继电器 KH 的动断触点、停止按钮 SB1、启动按钮 SB2、接触器 KM 的动合辅助触点和线圈组成。

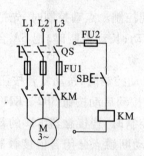

图 4-9　点动控制电路

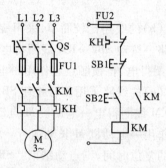

图 4-10　连续运行控制电路

工作过程如下:

启动过程:合上电源开关 QS→按下启动按钮 SB2→接触器 KM 线圈得电→KM 主触点闭合和动合辅助触点闭合→电动机 M 接得电源运转。松开 SB2,利用 KM 动合辅助触点的自锁作用,电动机 M 连续运转。

停止过程:按下停止按钮 SB1→KM 线圈失电→KM 主触点和动合辅助触点断开→电动机 M 失电停转。

在连续控制中,当启动按钮 SB2 松开后,接触器 KM 的线圈通过其动合辅助触点的闭合仍继续保持得电,从而保证电动机的连续运行。这种依靠接触器自身动合辅助触点的闭合而使线圈保持得电的控制方式,称为自锁或自保。起到自锁作用的动合辅助触点称为自锁触点。

电路的保护环节:

(1)短路保护:短路时熔断器 FU 的熔体熔断,起失电路起保护作用。

(2)过载保护:采用热继电器保护,短时间过载,热继电器不会动作,只有在电动机长期过载时,热继电器才会动作,用它的动断触点断开使控制电路失电。

(3)欠压、失压保护:通过接触器 KM 的控制环节来实现。当电源电压由于某种原因欠压或失压时,接触器 KM 失电释放,电动机停止转动。当电源电压恢复正常时,接触器线圈不会自行得电,电动机也不会自行启动,只有在操作人员重新按下启动按钮后,电动机才能启动。

3. 点动和自锁结合的控制

在生产实践中,机床调整完毕后,需要连续进行切削加工,则要求电动机既能实现点动又能实现自锁。控制电路如图 4-11 所示,其中主电路如图 4-11(a)所示。

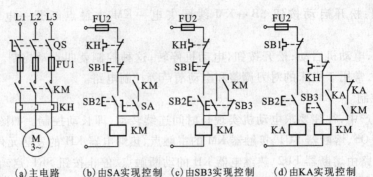

(a)主电路　(b)由SA实现控制　(c)由SB3实现控制　(d)由KA实现控制

图 4-11　点动和自锁结合的控制电路

图 4-11(b)的线路比较简单,采用旋转开关 SA 实现控制。点动控制时,先把 SA 打开,断开自锁电路→按动 SB2→KM 线圈得电→电动机 M 点动;长动控制时,把 SA 合上→按动 SB2→KM 线圈得电,自锁触点起作用→电动机 M 实现长动。

图 4-11(c)的线路采用复合按钮 SB3 实现控制。点动控制时,按动复合按钮 SB3,断开自锁回路→KM 线圈得电→电动机 M 点动;长动控制时,按动启动按钮 SB2→KM 线圈得电,自锁触点起作用→电动机 M 长动运行。此线路在点动控制时,若接触器 KM 的释放时间大于复合按钮的复位时间,则点动结束。SB3 松开时,SB3 动断触点已闭合但接触器 KM 的自锁触点尚未打开,会使自锁电路继续得电,则线路不能实现正常的点动控制。

图 4-11(d)的线路采用中间继电器 KA 实现控制。点动控制时,按动启动按钮 SB2→KM 线圈得电→电动机 M 点动。长动控制时,按动启动按钮 SB3→中间继电器 KA 线圈得电并自锁→KM 线圈得电→M 实现长动。此线路多用了一个中间继电器,但工作可靠性却提高了。

二、电动机的正反转控制电路

在实际应用中,往往要求生产机械改变运动方向,如工作台前进、后退;电梯的上升、下降等,这就要求电动机能实现正、反转。对于三相异步电动机来说,可通过两个接触器改变电动机定子绕组的电源相序来实现。

电动机正反转控制电路如图 4-12 所示,接触器 KM1 为正向接触器,控制电动机 M 正转;接触器 KM2 为反向接触器,控制电动机 M 反转,主电路如图 4-12(a)所示。

如图 4-12(b)所示为没有互锁的控制电路,其工作过程如下:

正转控制:合上电源开关 QS→按下正向启动按钮 SB2→正向接触器 KM1 得电→KM1 的主触点和自锁触点闭合→电动机 M 正转。

反转控制:合上电源开关 QS→按下反向启动按钮 SB3→正向接触器 KM2 得电→KM2 的主触点和自锁触点闭合→电动机 M 反转。

停止:按停止按钮 SB1→KM1(或 KM2)失电→M 停转。

该控制电路的缺点是:若误操作,会使 KM1 与 KM2 都得电,从而引起主电路电源短路,为此要求电路设置必要的联锁环节。

如图 4-12(c)所示,将一个接触器的一对辅助动断触点串入另一个接触器线圈电路中,则其中任何一个接触器先得电后,都会切断了另一个接触器的控制回路,即使按下相反方向的启动按钮,另一个接触器也无法得电,这种利用两个接触器的辅助动断触点互相控制的方式,叫电气互锁,或叫电气联锁。起互锁作用的动断触点叫互锁触点。另外,该电路只能实现"正→停→反"或者"反→停→正"控制,即电动机在正、反转转换时中间必须要经过停止。这对需要频繁改变电动机运转方向的设备来说,是很不方便的。

为了提高生产效率,直接实现正、反转操作,利用复合按钮组成"正→反→停"或"反→正→停"的互锁控制。如图4-12(d)所示,复合按钮的动断触点同样起到互锁的作用,这样的互锁叫机械互锁。该电路既有接触器动断触点的电气互锁,也有复合按钮动断触点的机械互锁,即具有双重互锁功能。该电路操作方便,安全可靠,故应用广泛。

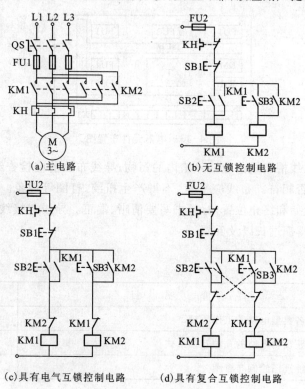

(a)主电路　　　　　　　(b)无互锁控制电路

(c)具有电气互锁控制电路　　(d)具有复合互锁控制电路

图4-12　电动机正反转控制电路

三、电器元件的布置与布线规范要求

按照用户技术要求制作的电气装置,最少要留出10%面积作备用,以供控制装置改进或布局修改。可按下述原则布置:

(1)体积大或较重的电器置于控制柜下方;发热元件安装在控制柜的上方,并注意将发热元件与感温元件隔开。

(2)弱电部分应加屏蔽和隔离,以防强电及外界干扰。

(3)需要经常维护、检修、调整的电器元件安装的位置不宜过高或过低。

(4)电器元件的布置应考虑整齐、美观、对称等因素。外形尺寸与结构类似的电器安放在一起,以利于安装和布线。

(5)电器元件布置不宜过密,要留有一定的间距,若采用板前走线槽布线方式,应适当加大各排电器间距,以利于布线和维护。

各电器元件的位置确定以后,便可绘制电气布置图。

电气布置图主要是用来表明电气原理图上所有电器的实际位置，为电路的安装与维修提供必要的资料。以机床电气布置图为例，它主要由机床电气设备布置图、控制柜和控制板电气设备布置图、操纵台及悬挂操纵箱电气设备布置图等组成。

电气布置图可按电气控制系统的复杂程度集中绘制或单独绘制，但在绘制这类图形时，机床轮廓线用细实线或点画线表示，所有能见到的及需要表示清楚的电气设备，均用粗实线绘制出简单的外形轮廓。如图 4-13 所示为某个电路的电气布置图，图中 FU1 ~ FU5 为熔断器，KM 为接触器，KH 为热继电器，TC 为照明变压器，XT 为接线端子板。

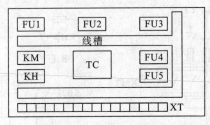

图 4-13 电器元件布置图

线槽布线要求：线槽布线前应消除槽内的污物；导线布放前应检查绝缘是否良好，核对型号规格与规定是否相符。布线应平直、不得产生扭绞、打圈等现象。布放前导线两端应贴有标签，以表明起始和终止位置，标签书写要清晰、端正。导线与接线柱连接时应紧固可靠，不得压绝缘层、露铜过长以及反圈。

● 完成任务

序号	评 价 项 目	评判结果
1	能否分析各典型电路的工作原理	
2	能否区别正反转电路的几种互锁形式	
3	能否根据原理图绘制布置图	

● 思考与练习

（1）设计一个能在两地分别进行控制的自锁电路。

（2）为什么有些电路要进行降压启动？

（3）如何理解制动电路在机床上的实用性？

任务三　典型自锁电路的分析与安装接线

● 任务引入

自锁控制电路是使电动机长时间运行的控制电路,在工业生产中应用极为广泛。该电路也是复杂电路中的基础电路,对其他电路的学习也有着很大的帮助。下面就来学习自锁控制电路的原理与安装接线。

● 任务描述

通过自锁控制电路的安装实训,让学生掌握安装电路的方法与步骤,进一步掌握各低压电器的功能并有直观的印象,为今后的安装、维修电路打下了很好的基础。

● 任务分析

按照电气原理图的分析→工作原理分析→元件布置→连接线路的步骤完成电路的安装。

● 知识链接

一、电路组成

电动机控制电路都是由一些基本环节构成的。点动控制,是当用手按动按钮时,电动机就启动,松开按钮电动机就停止。如果在控制电路中再串联一个停止按钮,并把接触器的一个常开触点并联在启动按钮的两端,就组成了单向自锁控制电路。其实物示意图和原理图如图 4-14、图 4-15 所示。

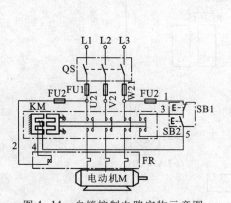

图 4-14　自锁控制电路实物示意图

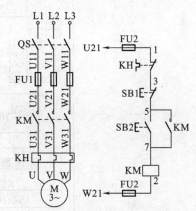

图 4-15　自锁控制电路原理图

QS:刀开关,隔离电源。

FU1、FU2:熔断器,对电路进行短路保护,一旦发生短路事故,熔丝立即熔断,电动机停转。

KM:交流接触器,控制电动机的启动、运行和停止。

SB:按钮,控制交流接触器线圈得电与失电。

KH:热继电器,对电动机进行过载保护。当电动机过载时,热继电器的热元件发热,将动断触点断开,接触器线圈失电,主触点断开,电动机失电停转。

二、工作原理

图 4-15 的电路原理图可分为主电路和控制电路两部分。

主电路:三相电源→QS→FU1→KM→KH→M

控制电路:U21→FU2→KH 动断触点→SB1→SB2→KM 线圈→FU2→W21

启动运转:

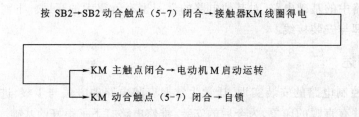

停止:

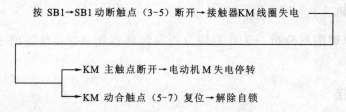

三、电气布置图和接线图

为了布线美观,操作方便,提高效率,依据原理图,画出电气布置图和接线图。

单向启动控制电路的电气布置图如图 4-16 所示,根据电气布置图画出安装接线图,绘成后对照原理图给所有接线端子标上线号,如图 4-17 所示。

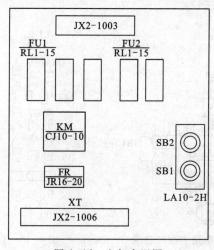

图 4-16 电气布置图

按钮盒内接线端子较多,为了方便接线,依据原理图画出接线图,从按钮盒中接出三根线。实心点为动断触点,空心点为动合触点,如图 4-18 所示。

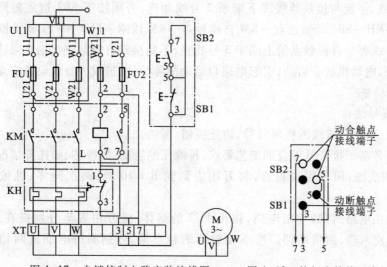

图 4-17 自锁控制电路安装接线图 图 4-18 按钮盒接线示意图

四、电路布线和检查

1. 电路布线

电路布线即依据接线图,将电器元件上有线号的端子(接线柱)用导线连接起来,并符合接线的工艺要求。

布线是安装电路的重要环节,必须按照接线图规定的走线方位进行。一般从电源端开始,按线号顺序接线,先接主电路,再接控制电路。

(1)主电路布线

① 将导线先校直,按接线图规定的方位,在固定好的电器元件之间截取适当长度的导线。剥去两端的绝缘皮,压入端子。端子接线要牢固,避免旋紧螺钉时,将导线挤出,造成虚接。

② 接线时要使中间一相线路的各段导线成一直线,左右两相导线要对称,水平走线时,要尽量靠近底板。

③ 三相电源线直接接入端子排。

④ 做好电动机外壳的接地保护线。

(2)控制电路布线

① 接线端子板 XT 以内布线。对照接线图,按板前布线工艺要求进行布线。

a. 接线端子板 7 号线与接触器线圈上端子(7 号)相连,将接线端子板 5 号线与接触器自锁触点上端子(5 号)相连,将接线端子板 3 号线与热继电器 KH 下端子(3 号)相连。

b. 3、5、7 号线并成一束,靠近交流接触器,依次弯向所接电器元件端子的方向。

② 按钮盒中的布线。

a. 按接线图的走线方位牢固连接导线,要求接触良好,螺钉要拧紧不可松脱。

b. 按钮盒中的导线套上写好的线号管(与接线图相符),导线(3、5、7)与接线端子板连接。

c. 导线绝缘层不得插入接线板的针孔,螺钉要拧紧。

2. 接线中注意的问题

(1)接触器 KM 自锁触点上、下端子与启动按钮并联,分别为 5 号线和 7 号线,自锁触点下端子 7 号线,不能与接触器线圈下端子 2 号线相连,否则按下 SB2 造成短路。电流经过 U21→FU2→KH→SB1 动断触点→KM 自锁触点→KM 线圈→FU2→W21 将线圈短接。

（2）5 号线要与自锁触点的上端子 5 号相连,不能接到自锁触点下端 7 号线上。否则合上刀开关 QS,电动机就会启动,引起电路自启动故障,可能造成人身及设备安全事故。

3. 电路检查

（1）查线号法:

① 对照原理图、接线图核对线号,防止接错、漏接。

② 检查各端子接头是否合乎工艺要求,排除压绝缘皮、露线芯、虚连等情况。

（2）万用表法:用万用表检查,将万用表调到 R×10 档,两次调零:机械调零和欧姆调零。

① 检查主电路:切断控制电路,拔出 FU2 的熔体,将万用表笔分别搭在主电路 U11、V11、W11 任意两端,测得断路。按下接触器的触点架,分别测得电动机两相绕组串联的阻值。

② 检查控制电路:切断主电路,拆下电动机接线,装好 FU2 的熔管。

a. 检查启动、停止控制。将万用表笔搭在控制电路电源两端,测得断路,按下 SB2 测得 KM 线圈的阻值,同时按下 SB1,测得断路。

b. 检查自锁控制:松开 SB2 后,按下 KM 触点架,测得 KM 线圈的电阻值。

c. 检查过载保护:检查整定电流值符合电路要求。

● 完成任务

评 价 表

类 别			评 价 内 容	结果
训练器材		5分	A. 选择器材正确,训练后无损坏(扣1.0分) B. 有个别器材选择不正确(扣0.8分) C. 在老师的指导下选择器材,训练后有个别损坏(扣0.5分)	
训练步骤	绘图	10分	A. 符号、线号正确,接线图与原理图相符,整洁清晰(扣1.0分) B. 符号、线号正确,接线图与原理图相符,但不够整洁清晰(扣0.8分) C. 个别符号、线号有误(扣0.5分)	
	安装电器元件	20分	A. 会检查电器元件,安装元件位置准确,固定牢靠(扣1.0分) B. 不能熟练检查电器元件,安装位置准确,固定牢靠(扣0.8分) C. 在老师的指导下检查元件,元件固定不牢,有松动(保0.5分)	
	布线	30分	A. 接线正确、牢固,不压绝缘皮,不露线芯,布局合理、美观,便于操作(扣1.0分) B. 接线不牢固,接触不良,布线有不合理的地方(扣0.8分) C. 接线有错误(扣0.5分)	
	检查电路	10分	A. 正确掌握检查电路的方法,熟练检查电路(扣1.0分) B. 检查电路方法正确,但不熟练(扣0.8分) C. 有漏检现象(扣0.5分)	
	得电试车	20分	A. 试车一次成功(扣1.0分) B. 试车不成功,但能够自己排除故障(扣0.8分) C. 试车不成功,不会排除故障(扣0.5分)	
	文明操作	5分	A. 严格遵守安全操作规程(扣1.0分) B. 较好遵守安全操作规程(扣0.8分) C. 有违法操作规程现象(扣0.5分)	

● 思考与练习

（1）本电路出现过载时，热继电器是如何实现保护的？热继电器的发热元件为什么要用三个？用两个或一个行不行？

（2）试画出电气互锁正反转电路的安装接线图。

任务四　数控机床 RS-232 通信接口的连接

● 任务引入

数控机床与计算机之间的数据传送可以采用串行通信和并行通信两种方式。由于串行通信方式具有使用线路少、成本低，特别是在远程传输时，避免了多条线路特性的不一致而被广泛采用。在串行通信时，要求通信双方都采用一个标准接口，使不同的设备可以方便地连接起来进行通信。下面就来介绍 RS-232 这种最常用的串行通信接口。

● 任务描述

数控机床与计算机通信时，由于数控系统上通信接口为 20 针插口，标准的通信电缆插口为 25 针，所以在数控机床与计算机通信时，使用的通信电缆的接口要进行适当的接线更改。

● 任务分析

要能对 RS-232 接口进行正确地针脚连接并焊接牢固，并能进行接口参数的设置。

● 知识链接

一、RS-232-C 简介

RS-232-C 接口（又称 EIA RS-232-C）在各种现代化自动控制装置上应用十分广泛，是目前最常用的一种串行通信接口。它是在 1970 年由美国电子工业协会（EIA）联合贝尔实验室、调制解调器厂家及计算机终端生产厂家共同制定的用于串行通信的标准。它的全名是"据终端设备（DTE）和数据通信设备（DCE）之间串行二进制数据交换接口技术标准"，该标准规定采用一个 25 个脚的 DB-25 连接器，对连接器的每个引脚的信号内容加以规定，还对各种信号的电平加以规定，一般只使用 3~9 根引线。

1. RS-232-C 接口连接器引脚分配及定义

DB-25 和 DB-9 型插头座针脚功能，见表 4-2：

表 4-2　DB-25 和 DB-9 型插头座针脚功能

DB-9 串行口的针脚功能			DB-25 串行口的针脚功能		
针脚	符号	信号名称	针脚	符号	信号名称
1	DCD	载波检测	8	DCD	载波检测
2	RXD	接受数据	3	RXD	接受数据
3	TXD	发送数据	2	TXD	发送数据

DB-9 串行口的针脚功能			DB-25 串行口的针脚功能		
针脚	符号	信号名称	针脚	符号	信号名称
4	DTR	数据终端准备好	20	DTR	数据终端准备好
5	SG	信号地	7	SG	信号地
6	DSR	数据准备好	6	DSR	数据准备好
7	RTS	请求发送	4	RTS	请求发送
8	CTS	清除发送	5	CTS	清除发送
9	RI	振铃指示	22	RI	振铃指示

DB-25 和 DB-9 型插头外形结构如图 4-19、图 4-20 所示。

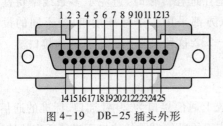

图 4-19　DB-25 插头外形　　　　图 4-20　DB-9 插头外形

2. 端口参数和设置

串口通信最重要的参数是波特率、数据位、停止位、奇偶检验和流控制。对于两个进行通信的端口,这些参数必须相同。

(1)波特率:这是一个衡量通信速度的参数,表示每秒钟传送 bit 的个数。

(2)数据位:这是衡量通信中实际数据位的参数。当计算机发送一个信息包,实际的数据不会是 8 位的,标准的值是 5、7 和 8 位,如何设置取决于传送的信息。

(3)停止位:用于表示单个包的最后一位,典型的值为 1、1.5 和 2 位。

(4)奇偶检验位:在串口通信中一种简单的检错方式。有四种检错方式:偶、奇、高和低。当然没有检验位也是可以的。

(5)流控制:在进行数据通信的设备之间,以某种协议方式来告诉对方何时开始传送数据,或根据对方的信号来进入数据接收状态以控制数据流的启停,它们的联络过程就叫"握手"或"流控制",RS-232 可以用硬件握手或软件握手方式来进行通信。

(6)通信端口的设置:设备双方数据必须设置相同,否则不能正常通信。如图 4-21 所示。

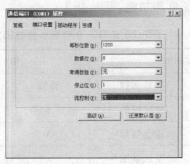

图 4-21　通信端口的设置

3. PC 与数控机床相连进行传输数据或 DNC 操作时必须注意以下事项

（1）使用双绞屏蔽电缆制作传输线，长度≤15 m 。

（2）传输线金属屏蔽网应焊接在插头座金属壳上。

（3）必须在失电情况下 PC 与 CNC 连接。

（4）PC 与 CNC 的端口数据必须设置相同。

（5）通信电缆两端须装有光电隔离部件，以分别保护数控系统和外设计算机。

（6）计算机与数控机床要有同一接地点，并可靠接地。

（7）得电情况下，禁止插拔通信电缆。

（8）雷雨季节须注意打雷期间应将通信电缆拔下，尽量避免雷击，引起接口损坏。

二、FANUC 数控系统 RS-232 接口

1. RS-232 接口的连接

数控机床与计算机通信时，由于数控系统上通信接口为 20 针插口，标准的通信电缆插口为 25 针，所以在数控机床与计算机通信时，使用的通信电缆的接口要进行适当的接线更改。更改后接口连接如图 4-22 所示。

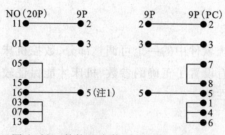

图 4-22　数控机床使用的通信电缆接口

注 1：如果使用 25 芯插头将 9 芯的 5 脚改成 25 芯的 7 脚。

2. RS-232 接口的焊接

（1）准备一把电烙铁以及一些焊锡、松香，对照图 4-22 来焊接接口。

（2）为了保证传输的信号正确、完整，导线的长度最好不要超过 2 m，并且宜选用计算机专用电缆。

（3）导线必须焊接到所对应的位置，焊头连接必须牢固，并且注意不要短路。

（4）焊接完成后可用万用表测试焊接是否牢固。

• 完成任务

序号	评　价　项　目	评判结果
1	能否正确进行 RS-232 接口参数的设置	
2	能否正确进行 RS-232 接口各针脚的连接	
3	能否良好焊接 RS-232 接口	

• 思考与练习

（1）使用 RS-232 串行通信需要设定哪些参数？

（2）数控系统使用的 RS-232 通信接口与市场上购买的标准通信接口有何不同？

项目五　FANUC 数控系统基本参数设定与数据备份

任务一　数控机床参数的设定与调试

● 任务引入

数控系统需要硬件和软件的共同支持才能工作,参数错误或丢失等软件错误会造成数控机床故障,这类故障只要调整好参数,就会自然消失。本任务主要学习数控机床基本参数的设定与调试的方法。

● 任务描述

数控系统的参数是系统软件中的一个可调整部分,数控机床参数是数控系统正常应用的外部条件。数控系统只有设置了正确的参数,机床才能保证较高的控制精度并按其特定的功能和程序发挥出最佳性能。

● 任务分析

熟悉 FANUC 系统参数设定的界面,掌握基本参数的含义,了解基本参数的设定。

● 知识链接

一、和机床加工操作有关的界面操作

1. 回零方式

回零方式,主要是进行机床机械坐标系的设定,选择回零方式,用机床操作面板上各轴返回参考点用的开关使刀具沿参数(1006#5)指定的方向移动。首先刀具以快速移动速度移动到减速点上,然后按 FL 速度移动到参考点。快速移动速度和 FL 速度由参数(1420、1421、1425)设定,如图 5-1 所示。

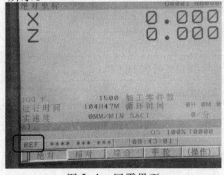

图 5-1　回零界面

2. 手动(JOG)方式

手动方式,按机床操作面板上的进给轴和方向选择开关(一般为同一个键),机床沿选定轴的选定方向移动。手动连续进给速度由参数 1423 设定。按快速移动开关,以 1424 设定的速度移动机床。手动操作通常一次移动一个轴,但也可以用参数 1002#0 选择同时 2 轴运动,如图 5-2 所示。

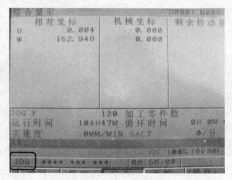

图 5-2　JOG 方式界面

3. 增量进给(INC)方式

增量进给方式,按机床操作面板上的进给轴和方向选择开关,机床在选定轴的选定方向上移动一步。机床移动的最小距离是最小增量单位。每一步可以是最小输入增量单位的 1 倍、10 倍、100 倍或 1000 倍。当没有手摇时,此方式有效,如图 5-3 所示。

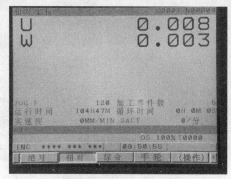

图 5-3　增量方式界面

4. 手轮进给方式

手轮进给方式,机床可用旋转机床操作面板升手摇脉冲发生器而连续不断地移动。用开关选择移动轴和倍率,如图 5-4 所示。

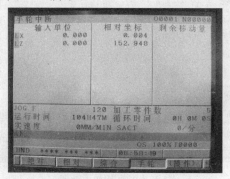

图 5-4　手轮方式界面

5. 存储器运行方式

在自动运行期间，程序预先存在存储器中，当选定一个程序并按了机床操作面板上的循环启动按钮时，开始自动运行，如图5-5所示。

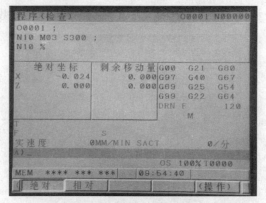

图 5-5 存储器方式界面

6. MDI 运行方式

MDI 运行方式，在 MDI 面板上输入 10 行程序段，可以自动执行，MDI 运行一般用于简单的测试操作，如图5-6所示。

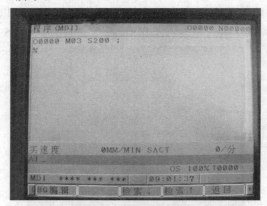

图 5-6 MDI 方式界面

7. 程序编辑(EDIT)方式

在程序编辑方式下可以进行程序的编辑、修改、查找等功能。如图5-7所示。

图 5-7 编辑方式界面

二、和机床维护操作有关的界面操作

1. 参数设定界面

用于参数的设置、修改等操作,在操作时需要打开参数开关,按 MDI 面板 OFSSET 键显示如图 5-8 所示界面就可以进行修改参数开关,参数开关为 1 时,可以进入参数进行修改,如图 5-9 所示。

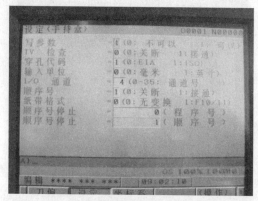

图 5-8　参数开关界面

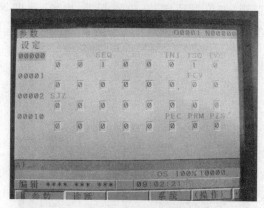

图 5-9　参数界面

2. 诊断界面

当出现报警时,可以通过诊断界面进行故障的诊断,按图 5-9 中的【诊断】键,出现如图 5-10 所示界面。

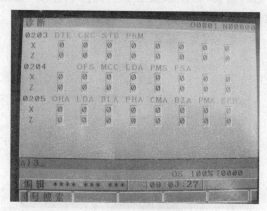

图 5-10　诊断界面

3. PMC 界面

PMC 就是利用内置在 CNC 的 PC 执行机床的顺序控制的可编程机床控制器,PMC 界面是比较常用的一个界面,它可以进行状态查询、PMC 在线编辑、通信等功能。按 MDI 面板上 SYSTEM 键后按右扩展键出现 PMC,如图 5-11 所示。

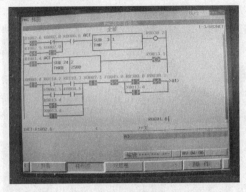

图 5-11　PMC 界面

4. 伺服监视界面

主要是进行伺服的监视,如位置环增益、位置误差、电流、速度等,按 SYSYTEM 键后按右扩展键出现 SV 设定,如图 5-12 所示。

图 5-12　伺服监视界面

5. 主轴监视界面

主要是进行主轴状态的监视,如主轴报警、运行方式、速度、负载表等。按 MDI 面板上 SYSTEM 键后按右扩展键出现 SP 设定,如图 5-13 所示。

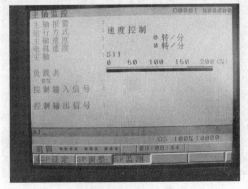

图 5-13　主轴监视界面

三、数控系统基本参数的含义

1. 数控机床与轴有关的参数

1020:表示数控机床各轴的程序名称,如在系统显示界面显示的 X、Y、Z 等。一般设置是:车床为 88,90;铣床与加工中心为 88,89,90,如表 5-1 所示。

表 5-1　数控机床各轴的程序名称

轴名称	X	Y	Z	A	B	C	U	V	W
设定值	88	89	90	65	66	64	85	86	87

1022:表示数控机床设定各轴为基本坐标系中的哪个轴,一般设置为 1,2,3,如表 5-2 所示。

表 5-2　数控机床所对应坐标中的轴

设定值	含义	设定值	含义
0	旋转轴	5	X 轴的平行轴
1	基本 3 轴的 X 轴	6	Y 轴的平行轴
2	基本 3 轴的 Y 轴	7	Z 轴的平行轴
3	基本 3 轴的 Z 轴		

1023:表示数控机床各轴的伺服轴号,也可以称为轴的连接顺序,一般设置为 1,2,3,设定各控制轴为对应的第几号伺服轴。

8130:表示数控机床控制的最大轴数。

2. 数控机床与存储行程检测相关的参数

1320:各轴的存储行程限位 1 的正方向坐标值。一般指定的为软正限位的值,当机床回零后,该值生效,实际位移超出该值时出现超程报警。

1321:各轴的存储行程限位 1 的负方向坐标值。同参数 1320 基本一样,所不同的是指定的是负限位的值。

3. 数控机床与 DI/DO 有关的参数

3003#0:是否使用数控机床所有轴互锁信号,该参数需要根据 PMC 的设计进行设定。

3003#2:是否使用数控机床各个轴互锁信号。

3003#3:是否使用数控机床不同轴向的互锁信号。

3004#5:是否进行数控机床超程信号的检查,当出现 506,507 报警时可以设定。

3030:数控机床 M 代码的允许位数,该参数表示 M 代码后便数字的位数,超出该设定出现报警。

3031:数控机床 S 代码的允许位数,该参数表示 S 代码后数字的位数,超过该设定出现报警。例如:当 3031 = 3 时,在程序中出现 S1000 即会产生报警。

3032:数控机床 T 代码的允许位数。

4. 数控机床与显示和编辑相关的参数

3105#0：是否显示数控机床实际速度。

3105#1：是否将数控机床 PMC 控制的移动加到实际速度显示。

3105#2：是否显示数控机床实际转速、T 代码。

3106#4：是否显示数控机床操作履历界面。

3106#5：是否显示数控机床主轴倍率值。

3108#4：数控机床在工件坐标系界面上，计数器输入是否有效。

3108#6：是否显示数控机床主轴负载表。

3108#7：数控机床是否在当前界面和程序检查界面上显示 JOG 进给速度或者空运行速度。

3111#0：是否显示数控机床用来显示伺服设定界面软件。

3111#1：是否显示数控机床用来显示主轴设定界面软件。

3111#2：数控机床主轴调整界面的主轴同步误差。

3112#2：是否显示数控机床外部操作履历界面。

3112#3：数控机床是否再报警和操作履历中登录外部报警/宏程序报警。

3281：数控机床语言显示，15 为中文简体。

3208#0：MDI 面板的功能键 SYSTEM 无效。

● 任务实施

在实训设备上进行参数的查找，填入表格。

（1）按下 MDI 面板【SYSTEM】键，出现参数界面，如图 5-14 所示。

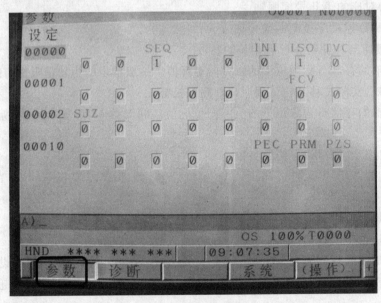

图 5-14 参数界面

（2）输入需要查找的参数号，按【号搜索】键。

（3）查询参数号，填入表格，如图 5-15 所示。

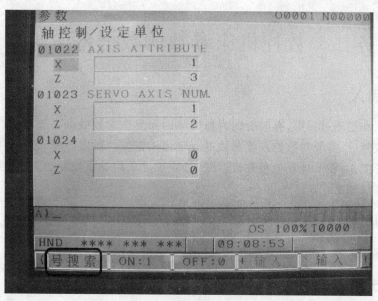

图 5-15　查询参数界面

• **完成任务**

参 数 号	参 数 值	含　义	评　价

• **思考与练习**

（1）在数控系统中参数有何用途？

（2）参数设置操作正确步骤是什么？

任务二　数控机床参数的数据备份与恢复

● 任务引入

数控机床在使用过程中,有时会因为各种原因而发生参数数据丢失、参数紊乱等故障。发生这样的故障后,需要对数控系统参数进行全面的恢复。所以维修人员必须事先做好系统数据的备份工作,在系统发生参数错误时,只要正确采用参数恢复的方法,就可以在短时间内排除机床故障。

● 任务描述

学习用存储卡和计算机通信的方式进行数据备份与恢复。

● 任务分析

存储卡即 CF 卡,可以通过系统引导程序备份数据到 CF 卡中;通过 RS-232 通信功能可以把数据备份到计算机中;利用这两种方法同样可以把数据恢复到数控系统中。

● 知识链接

FANUC 系统进行数据备份和恢复的方法主要有两个:

(1)使用存储卡在系统的引导下进行数据备份和恢复。

(2)通过 RS-232-C 串口与外置设备相连接,然后进行数据备份和恢复。

● 任务实施

一、在系统的引导下采用存储卡进行数据的备份和恢复

在系统得电初期,通过特定的操作方法,使系统进入引导界面,在引导界面的指引下,可以使用存储卡进行数据的备份和恢复。

FANUC 使用的存储卡有多种,无论是哪一种存储卡都必须是 5 V 电压的存储卡,省电型 3.3 V 电压的存储卡不能够用在 FANUC 系统上。机床得电后,数控系统就会自动启动引导系统,并读取 NC 软件到 DRAM 中去运行。通常情况下,引导系统界面是不会显示的,并且是不会主动用到这个界面的,但是如果要用到存储卡来备份系统数据,就必须要用到系统引导界面。接下来就来学习启动引导界面的方法和步骤。

1. 数据的备份步骤

(1)机床失电后,把存储卡插到控制单元的存储卡接口上,如图 5-16 所示。

(2)接得电源,并同时按下软键右端的两个键,如图 5-17 所示。

(3)进入系统 MAIN MENU 界面,如图 5-18 所示。

(4)用软键【UP】或【DOWN】进行选择处理,把光标移到要选择的功能上,本次操作选择第四项"SYSTEM DATA SAVE",并按下软键【SELECT】,如图 5-19 所示。

(5)出现图 5-20 所示的界面,选择所要备份的数据项,按软键【SELECT】。

(6)出现提示框后,按软键【YES】进行保存,如果放弃则按【NO】,如图 5-21 所示。

(7)按软键【SELECT】,完成数据的备份工作,如图 5-22 所示。

图 5-16　插到存储卡接口

图 5-17　打开机床电源

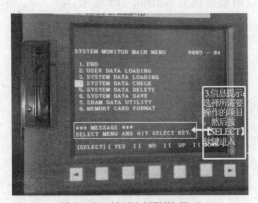

图 5-18　MAIN MENU 界面

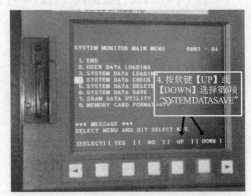

图 5-19　选择"SYSTEM DATA SAVE"

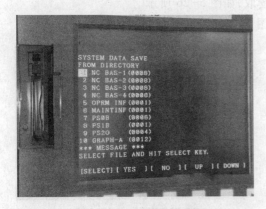

图 5-20　选择备份数据项

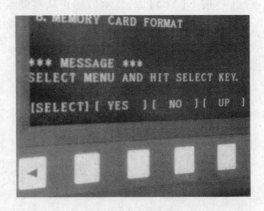

图 5-21　保存界面

2. 数据的恢复步骤

（1）回到系统 MAIN MENU 界面，选择第一项"SYSTEM DATA LOADING"，然后按下软键【SELECT】，如图 5-23 所示。

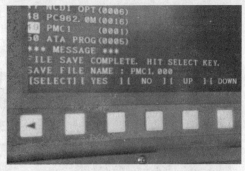

图 5-22　完成备份工作

图 5-23　选择【SYSTEM DATA LOADING】

（2）选择存储卡上所要恢复的文件，按下软键【SELECT】，如图 5-24 所示。

（3）按下【YES】进行数据恢复，按【NO】则取消数据恢复，如图 5-25 所示。

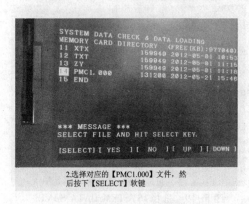

图 5-24　选择要恢复的文件

图 5-25　恢复数据界面

（4）按下【YES】后，显示数据正从存储卡读取，如图 5-26 所示。

（5）数据恢复完成，按【SELECT】退出，如图 5-27 所示。

图 5-26　读取数据界面

图 5-27　数据恢复完成界面

以上的操作步骤为通过存储卡对数控系统数据进行备份与恢复的过程。

二、使用计算机进行数据的备份和恢复

在引导系统屏幕界面进行数据备份和恢复操作,简单方便,容易操作。但不能够根据自己的需要对数据进行查看、修改,并且还需要单独准备一个存储卡。利用现有的条件,使用计算机和系统之间进行通信,也可以将系统中的数据保存到计算机中。

1. 数据的备份步骤

(1)准备外接 PC 和 RS-232 传输电缆。

(2)在数控系统中,按下【SYSTEM】功能键,进入 ALLIO 菜单,设定传输参数(和外部 PC 匹配),如图 5-28 所示。

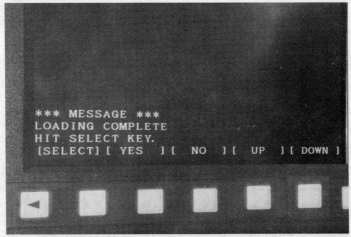

图 5-28　设定传输参数界面

(3)在外部 PC 设置传输参数(和系统传输参数相匹配),如图 5-29 所示。

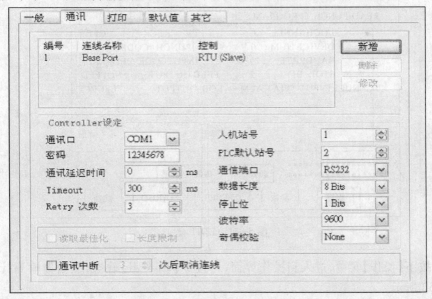

图 5-29　外部 PC 传输参数设置

(4)在设置系统和计算机的通信协议之后,接下来要做的就是用 RS-232 通信电缆将两者连接起来。要注意的是,在连接时要将计算机和数控机床关闭,以避免造成数控系统的串行通信口损坏。

在以上的工作完成后,就可以开始根据自己的需要对数控系统中的数据进行备份,按照接下来的操作就可以完成系统数据的备份与恢复。

(5)在计算机上打开传输软件,选定存储路径和文件名,进入接收数据状态,如图5-30所示。

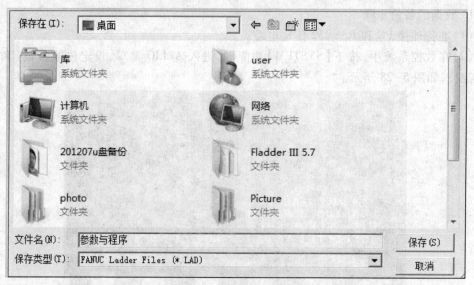

图5-30 选定存储路径和文件名界面

(6)首先使系统进入EDIT模式,然后进入前面所选的ALLIO菜单,在输入/输出界面中选择所需要备份的内容,如图5-31所示。

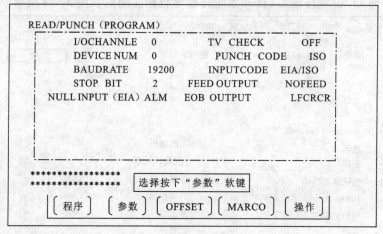

图5-31 EDIT模式

(7)按下【操作】菜单,进入到操作界面,再按下【PUNCH】软键,数据传输到计算机中,如图5-32所示。

2. 数据的恢复步骤

(1)外数据恢复与数据备份的操作前面4个步骤是一样的操作。

(2)在数控系统中,进入到ALLIO界面,选择所要备份的文件,按下【操作】菜单,进入到操作界面,再按下【READ】软键,等待PC将相应数据传入,如图5-33所示。

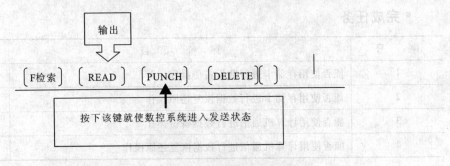

图 5-32　将数控系统数据发送到外部设备界面

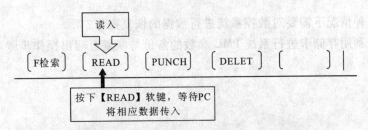

图 5-33　将外部数据读入到数控系统界面

（3）在计算机上打开传输软件，进入数据输出菜单，如图 5-34 所示。

图 5-34　数据输出菜单

（4）打开所要输出的数据，然后发送，数据就从计算机中恢复到系统中，如图 5-35 所示。

图 5-35　数据恢复界面

● **完成任务**

序　号	评 价 项 目	评 价 结 果
1	能否使用存储卡进行数据备份操作	
2	能否使用存储卡进行数据恢复还原操作	
3	能否使用计算机通信进行数据备份操作	
4	能否使用计算机通信进行数据恢复还原操作	

● **思考与练习**

（1）在何种情况下需要对数控系统进行数据的恢复操作？

（2）如何利用存储卡进行系统 PMC 参数的备份与恢复？写出操作步骤。

项目六　数控机床的变频器

任务一　认识变频器

● 任务引入

在数控机床加工工件的过程中,需要电动机可以在一定的速度范围之内任意调速。在很多数控系统中,都利用变频器控制电动机实现这种功能。本任务以发那科数控系统中应用的 3G3JZ 变频器为例,带领大家直观地认识一下变频器。

● 任务描述

首先要能够认清变频器面板上的各种控制按钮和开关的功能,读懂显示屏中各种数值的含义,掌握变频器上各个接线端子的功能。之后才能研究如何利用变频器控制电动机。

● 任务分析

变频器有很多种型号,不同公司生产的变频器在面板和接线端子的设定上是不同的,3G3JZ 变频器是欧姆龙公司的产品,有自己的面板和接线端子设定方式,学生需要熟悉并牢记这些外围部件和接口的操作,为下一步的实训打下基础。

● 工作过程

活动一　认识主机各组成部分

如图 6-1 所示,变频器主机面板由上下端子盖、数字操作器、正面盖和冷却用风扇及安装孔组成。上下端子盖下有接线端子,上接线端子连接电源进线和地线,下接线端子向电动机供电。数字操作器控制和显示变频器输出频率。

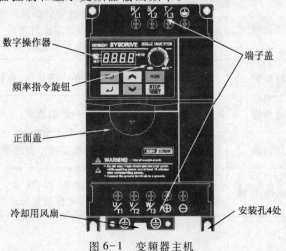

图 6-1　变频器主机

想一想：如果将上下接线端接反，把电源进线接入变频器下接线端，会出现什么情况？

活动二　认识数字操作器

数字操作器由状态显示 LED、频率指令旋钮、数据显示部和操作键组成，如图 6-2 所示。可以通过数字操作器直接控制变频器的输出频率，并利用操作键设定变频器的各种参数。

图 6-2　数字操作器

数字操作器中各显示状态和按键功能如表 6-1 所示：

表 6-1　数字控制器功能说明

操　作　键	名　称	功　能
8.8.8.8	数据显示部	显示频率指令值、输出频率数值及参数常数设定值等相关数据
（频率指令旋钮图标）	频率指令旋钮	通过旋钮设定频率时使用旋钮的设定范围可在 0 Hz ~最高频率之间变动
RUN•	运转显示	运转状态下 LED 亮灯。运转指令 OFF 时在减速中闪烁
FWD•	正转显示	正转指令时 LED 亮灯。从正转移至反转时，LED 闪烁
REV •	反转显示	反转指令时 LED 亮灯。从反转移至正转时，LED 闪烁
STOP•	停止显示	停止状态下 LED 亮灯。运转中低于最低输出频率时 LED 闪烁
•	进位显示	在参数等显示中显示 5 位数值的前 4 位时亮灯
（状态键图标）	状态键	按顺序切换变频器的监控显示。在参数常数设定过程中按此键则为跳过功能
（输入键图标）	输入键	在监控显示的状态下按下此键的话进入参数编辑模式 在决定参数 No. 显示参数设定值时使用 另外，在确认变更后的参数设定值时按下
（减少键图标）	减少键	减少频率指令、参数常数 No. 的数值、参数常数的设定值
（增加键图标）	增加键	增加频率指令、参数常数 No. 的数值、参数常数的设定值
RUN	启动键	启动变频器（但仅限于用数字操作器选择操作/ 运转时）
STOP RESET	停止/复位键	使变频器停止运转（只在参数 n2.01 设定为「STOP 键有效」时停止）另外，变频器发生异常时可作为复位键使用

活动三　认识变频器控制接线端子

标准配线图,如图6-3所示。

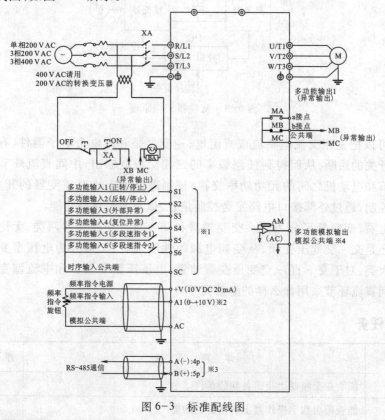

图6-3　标准配线图

在标准配线图中,除了电源输入/输出端子之外,还有一些比较常用的接线端子如S1~S6、SC、+V、A1、AC等端子,配合不同的参数设定,它们可以完成不同的功能。

● 知识链接

一、变频技术概述

变频器即电压频率变化器,是一种将固有频率的交流电转换成频率、电压可调的交流电,以供给电动机运转的电源装置。随着电力电子器件制造技术、变流技术、控制技术、微型计算机技术和大规模集成电路技术的飞速发展,交流传动与控制技术成为目前发展最为迅速的技术之一。每当新一代的电力电子器件出现时,体积更小、功率更大的新型通用变频器就会产生;每当新的计算机控制技术出现时,功能更全、适应面更广和操作更加方便的一代新型通用变频器就会产生。

变频调速技术是当今节电、改善工艺流程以提高产品质量、改善环境、推动技术进步的一种主要手段。变频调速以其良好的调速、启动、制动性能,高效能,高功率因数的节电效果,广泛的适用范围以及其他许多优点,而被国内外公认为是有发展前途的调速方式。

二、变频器工作原理

变频器是把电压、频率固定的交流电变换成电压、频率分别可调的交流电的设备。

变频器由主电路(包括整流器、中间直流环节、逆变器)和控制电路组成。其基本工作原理如图6-4所示。

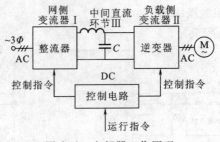

图 6-4　变频器工作原理

整流器可以把三相交流电整流成直流电;逆变器是利用电力电子器件,有规律地控制逆变器中主开关的通断,从而得到任意频率的三相交流电输出;中间直流环节的储能元件用于直流环节和电动机之间的元功率交换;控制电路可完成对逆变器的开关控制,对整流器的电压控制,通过外部接口电路发送控制信息,以及各种保护功能。

从结构上看,变频器可分为交 – 交变频器和交 – 直 – 交变频器两类,无论是交 – 直 – 交变压变频还是交 – 交变压变频,从变频电源的性质来看,又可分为电压型变频器和电流型变频器两大类,对于交 – 直 – 交变压变频装置;电压压型变频器和电流型变频器的主要区别在于中间直流环节采用什么样的滤波元件。

• 完成任务

序　号	评　判　项　目	评　判　结　果
1	能否在变频器上指出各功能部件	
2	能否指出数字操作器上各按键的功能	
3	能否正确指出变频器各接线端口的作用	

• 思考与练习

(1)变频器主机上的数字操作器可以起到什么样的作用?

(2)变频器的主要功能是什么?

任务二　变频器基本操作与运行

• 任务引入

在认识了变频器的基本原理和外部端口之后,我们来尝试利用变频器的数字操作器操作变频器控制电动机运行。

• 任务描述

正确设定变频器参数,通过变频器控制三相异步电动机在上、下限频率之间运行,能够使电动机实现正反转,可以通过数字操作器上的按键和旋钮控制电动机的转速。

● 任务分析

在变频器基本操作中,外部接线很简单,只需要把三相电引入变频器,并把电动机正确连接到变频器上即可。主要的工作体现在参数的设定,以及根据不同的参数进行相应的操作上。

● 工作过程

活动一　正确连接导线

先将三相电源线与变频器的 R/L1、S/L2、T/L3 端子相连,将地线与标有 ⊕ 的端子相连。然后将 U/T1、V/T2、W/T3 的端子与电动机的接线端相连。

活动二　正确设定变频器参数

(1)进行变频器初始设定将电源接通。

(2)把参数 n0.02 设定为 9,进行最高频率为 50 Hz 的初始化。

(3)n2.01 设定为 0,使操作器中的 RUN/STOP 键有效。

下面,以 n2.01 为例,演示参数设定方法,如图 6-5 和表 6-2。

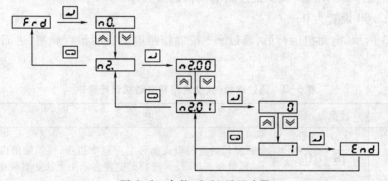

图 6-5　参数 n2.01 设置步骤

表 6-2　参数 n2.01 设置步骤讲解

操 作 键	数据显示部	说　明
↵	n0.	无论哪个监控模式都可通过按下输入键进入到参数设定模式中
∨ ∧	n2.	按下增加键或减少键后,请选择想设定的参数组群 No※1
↵	n2.00	按下输入键会显示选择组群中的参数
∨ ∧	n2.01	按下增加键或减少键后,请选择想设定的参数号※1
↵	0	再次按下输入键的话显示参数的设定数据
∨ ∧	1	按下增加键或减少键,请配合想要设定的设定值进行设定※1
↵	End	按下输入键确定设定值后,End 会显示 1 s
1 秒后	n2.01	1 s 后,显示设定过的参数编号

注意：① 不想确认设定值请按模式键 回。此时就会取消设定内容并返回前阶段。

② 参数分可以在运转中变更的参数和无法在运转中变更的参数两种。如果变更了无法在运转中变更的参数的话会显示 Err 设定值无效。

③ 设定了禁止参数变更或密码变更保护时，即使设定参数，也会显示 Err 设定值无效。

设定电动机运行频率上、下限：

(1)把参数 n1.07 设定为 50，使电动机最高运行频率限定为 50 Hz。

(2)把参数 n1.08 设定为 5，使电动机最低运行频率限定为 5 Hz。

当上、下限频率设定完毕后，电动机就在 5～50 Hz 的范围内运行。

设定加减速时间：

(1)把参数 n1.09 设定为 5，电动机由 0 Hz 加速到 50 Hz 所用时间为 5 s。

(2)把参数 n1.10 设定为 5，电动机由 50 Hz 减速到 0 Hz 所用时间为 5 s。

活动三　控制电动机运行

通过数字操作器的增加/减少键控制电动机运行频率。

把参数 n2.00 设置为 0。

如表 6-3 所示，电动机运行后，通过 ⌄⌃ 按键控制电动机的运行频率，进而控制电动机的转速。

表 6-3　通过增加/减少键控制电动机运行频率

操 作 键	数据显示部	说　　　　　　明
—	A 0.0	可显示的监控模式都可变更频率指令，例如输出电流的监控显示时，但在正转/反转选择的监控显示中无法变更频率指令
⌄ ⌃	F 0.0	按下增加键或减少键使可将显示切换至频率指令并可设定频率指令。变更后的数值就以频率指令的形式反映出来，变更频率指令无须操作输入键

注意：① 在以下情况下才可通过数字操作器变更频率指令。

a. 在参数 n2.00（频率选择）中设定"0"（操作器的增加/减少键输入有效），在多功能输入中没有输入多段速指令或第二频率指令时。

b. 在参数 n2.09（第二频率选择）中设定"0"（操作器的增加/减少键输入有效），多功能输入的第二频率指令被输入，多段速指令没有被输入时。

② 运转中可变更频率指令。通过数字操作器的频率指令旋钮控制电动机运行频率

把参数 n2.00 设置为"1"，电动机运行后，调节频率指令旋钮调节电动机运转速度。

● **知识链接**

一、初始化参数 n0.02

为了不受过去设定的参数的影响，重新设定参数前需要进行参数初始化，参数 n0.02 的详细情况如表 6-4 和表 6-5 所示：

表 6-4 参数 n0.02 的设定方式

参数写入禁止选择/参数初始化			寄存器 No.	运转的变更
设定范围	设定单位	出厂的设定		
0~10	1	0	0200	0

设定范围值分别表示以下的含义:

表 6-5 n0.02 设定值的说明

设 定 值	内 容
0	适用于所有的参数设定和参照
1	仅可设定 n0.02(参数写入禁止选择/参数初始化)。其他所有参数仅可参照,即使变更禁止写入参数的设定值,也显示 Err 设定值会被忽略不计
2-7	(未使用)请勿设定未使用的设定值
8	操作键锁定
9	最高频率 50 Hz 时的初始化,以 n1.00(最高频率)和 n1.00(最大电压频率)为 50.00 Hz 进行初始化
10	最高频率 60 Hz 时的初始化,以 n1.00(最高频率)和 n1.00(最大电压频率)为 60.00 Hz 进行初始化

二、运转指令的选择参数 n2.01

通过本参数的设定,可以选择通过什么方式输入运行/停止指令,参数 n2.01 的详细情况如表 6-6 和表 6-7 所示:

表 6-6 参数 n2.01 的设定方式

运转指令的选择			寄存器 No.	运转的变更
设定范围	设定单位	出厂的设定		
0~4	1	0	0201	0

设定范围值分别表示以下的含义:

表 6-7 参数 n2.01 设定方式

设 定 值	内 容
0	操作器中的 RUN/STOP 键有效
1	控制回路端子(2 线序及 3 线序)有效(操作器中 STOP 键也有效)
2	控制回路端子(2 线序及 3 线序)有效(操作器中 STOP 键为无效)
3	来自 RS-485 通信的运转指令有效(操作器中 STOP 键也有效)
4	来自 RS-485 通信的运转指令有效(操作器 STOP 键为无效)

三、频率指令的选择参数 n2.00

通过本参数的设定,可以选择通过什么方式改变变频器的输出频率,参数 n2.00 的详细情况如表 6-8 和表 6-9 所示:

表 6-8　参数 n2.00 的设定方式

频率指令的选择			寄存器 No.	运转的变更
设定范围	设定单位	出厂的设定		
0~4	1	0	0200	O

设定范围值分别表示以下的含义：

表 6-9　n2.00 设定值的说明

设定值	内　　容
0	操作器增加/减少键输入有效
1	操作器的频率指令旋钮有效
2	频率指令输入 A1(AVI)端子(电压输入 0~10 V)有效
3	频率指令输入 A1(ACI)端子(电流输入 4~20 mA)有效
4	来自 RS-485 通信的频率指令有效

四、频率指令的上限和下限参数 n1.07 和 n1.08

无论频率指令为何种输入方式，都可设定频率指令的上、下限。即使接受超过上限值或下限值的频率指令，变频器也仍然只输出上限值或下限值。参数的详细情况如表 6-10 所示：

表 6-10　参数的设定方式

频率指令上限值				寄存器 No.	运转的变更
参数号	设定范围/Hz	设定单位	出厂的设定		
n1.07	0.1~120.0	0.1%	110.0	0107	×
频率指令下限值				寄存器 No.	运转的变更
参数号	设定范围/Hz	设定单位	出厂的设定		
n1.08	0.0~100.0	0.1%	0.0	0108	×

注意：① 频率指令的上限值及下限值的最高频率为 100%，请以% 为单位分别进行设定。

② 请务必设定 n1.08 ≤ n1.07。

③ 在频率指令下限值(n1.08) 设定不足最低输出频率(n1.05) 时，即使输入了不足最低输出频率的频率指令，变频器也不输出。

五、加减速时间的设定参数 n1.09 和 n1.10

用来设定一般频率指令的加减速时间。详细情况如表 6-11 所示：

表 6-11　参数的设定方式

加速时间				寄存器 No.	运转的变更
参数号	设定范围/Hz	设定单位	出厂的设定		
n1.09	0.1~600.0	0.1s	10.0	0109	O
频率指令上限值				寄存器 No.	运转的变更
参数号	设定范围/Hz	设定单位	出厂的设定		
n1.10	0.1~600.0	0.1s	10.0	010A	O

• 完成任务

序　号	评 判 项 目	评 判 结 果
1	能否正确连接导线	
2	能否正确说出各参数的含义	
3	能否正确设置各参数	
4	能否正确使用数字操作器控制电动机运行	

• 思考与练习

（1）想要用数字操作器增加/减少键控制变频器的输出频率，应该如何设定参数？

（2）参数 n1.07 和 n1.08 的作用是什么？

项目七　数控机床的 PMC

任务一　认识 PMC

• 任务引入

一般来说,控制是指启动所需的操作以达到给定的目标下自动运行。当这种控制由控制装置自动完成时,称为自动控制。PMC 就是为进行机床自动控制设计的装置。

• 任务描述

想要操作机床的 PMC,首先必须能进行系统硬件的连接和 I/O 地址的分配。只有实现了这两点,才能为下一步 PMC 的软件操作打下基础。

• 任务分析

本任务以发那科系统为例,通过对发那科系统硬件连接和 I/O 端口设定的分析,加强读者对相关内容的理解。在发那科系统的硬件系统中,要特别注意组、基板、槽的概念。

• 工作过程

活动一　了解 PMC 的发展历程,阅读 PMC 的基础知识。
活动二　查阅资料了解现有 I/O Link 模块的类型与输入/输出容量。
活动三　在系统上进行 I/O Link 模块地址的设定。
活动四　在软件上进行 I/O Link 模块地址的设定。
活动五　在系统上检验设定的结果。

• 知识链接

一、可编程序控制器的产生和定义

可编程序控制器(Programmable Controller)是计算机家族中的一员,是为工业控制应用而设计的。早期的可编程序控制器称为可编程逻辑控制器(Programmable Logic Controller) PLC,用它来代替继电器实现逻辑控制。随着技术的发展,可编程序控制器的功能已大大超过了逻辑控制的范围,所以,目前人们都把这种装置称作可编程序控制器(国标简称可编程序控制器为 PC 系统)。为了避免与目前应用广泛的个人计算机(Personal Computer)的简称 PC 相混淆,所以仍将可编程序控制器简称为 PLC。

1968 年,美国通用汽车公司(GM)为改造汽车生产设备的传统控制方式,解决因汽车不断改型而重新设计汽车装配线上各种继电器的控制线路问题,提出了著名的十条技术

招标指标在社会上招标,要求制造商为其装配线提供一种新型的控制器,它应具有以下特点:

(1)编程方便,可现场修改程序。

(2)维修方便,采用插件式结构。

(3)可靠性高于继电器控制系统。

(4)体积小于继电器控制柜。

(5)数据可直接送入管理计算机。

(6)成本可与继电器控制系统竞争。

(7)输入可为市电。

(8)输出可为市电,输出电流要求在 2 A 以上,可直接驱动电磁阀、接触器等。

(9)系统扩展时,原系统变更最小。

(10)用户存储器容量大于 4 K。

1969 年末,美国数字设备公司(DEC)根据上述要求研制出世界上第一台可编程序控制器,型号为 PDP - 14,在美国通用汽车自动生产线上试用,并获得成功,取得了显著的经济效益。这种新型的智能化工业控制装置很快在美国其他工业控制领域推广应用,至 1971 年,已成功将 PLC 用于食品、饮料、冶金、造纸等行业。

PLC 的出现,受到了世界各国工业控制届的高度重视。1971 年日本从美国引进了这项新技术,很快研制出日本第一台 PLC。1973 年西欧国家也研制出了他们的第一台 PLC。我国的 PLC 研制始于 1974 年,于 1977 年开始于工业应用。

随着半导体技术,尤其是微处理器和微型计算机技术的发展,到 20 世纪 70 年代中期以后,PLC 已广泛使用微处理器作为中央处理器,输入/输出模块和外围电路也都采用中、大规模甚至超大规模集成电路,这时的 PLC 已不再是仅有逻辑判断功能,还同时具有数据处理、PID 调节和数据通信功能。

国际电工委员会(IEC)1987 年颁布的可编程序控制器标准草案中对可编程序控制器做了如下的定义:可编程序控制器是一种数字运算操作的电子系统,专为在工业环境下应用而设计。它采用了可编程序的存储器,用于其内部存储程序,执行逻辑运算、顺序控制、定时、计数和算术运算等面向用户的指令,并通过数字和模拟式的输入和输出,控制各种类型的机械或生产过程。可编程序控制器及其有关外围设备,都按易于与工业控制系统联成一个整体,易于扩展其功能的原则设计。

可编程序控制器对用户来说,是一种无触点的智能控制器,也就是说,PLC 是一台工业控制计算机,改变程序即可改变生产工艺,因此可在初步设计阶段选用 PLC;另一方面,从 PLC 的制造商角度看,PLC 是通用控制器,适合批量生产。

二、PMC 在数控机床中的作用

与传统的继电器控制电路相比,PLC 的优点在于:时间响应速度快,控制精度高,可靠性好,结构紧凑。抗干扰能力强,编程方便,控制程序能根据控制需要的情况进行相应的修改,可与计算机相连,监控方便,便于维修。从控制对象来说,数控系统分为控制伺服电动机和主轴电动机作各种进给切削动作的系统部分和控制机床外围辅助电气部分的 PMC。PMC 与 PLC 所实现的功能是基本一样的。PLC 用于工厂一般通用设备的自动控制装置,而 PMC 专用于数控机床外围辅助电气部分的自动控制,所以称为可编程序机床控制器,简称 PMC。

如图 7-1 所示,能够看到 X 是来自机床侧的输入信号(如接近开关、极限开关、压力开关、操作按钮等输入信号元件,I/O Link 的地址是从 X0 开始的。PMC 接收从机床侧各装置反馈的输入信号,在控制程序中进行逻辑运算,作为机床动作的条件及对外围设备进行诊断的依据。Y 是由 PMC 输出到机床侧的信号。在 PMC 控制程序中,根据自动控制的要求,输出信号控制机床侧的电磁阀、接触器、信号灯动作,满足机床运行的需要。I/O Link 的地址是从 Y0 开始的 F 是由控制伺服电动机与主轴电动机的系统部分侧输入到 PMC 信号,系统部分就是将伺服电动机和主轴电动机的状态,以及请求相关机床动作的信号(如移动中信号、位置检测信号、系统准备完成信号等),反馈到 PMC 中去进行逻辑运算,作为机床动作的条件及进行自诊断的依据,其地址从 F0 开始。G 是由 PMC 侧输出到系统部分的信号,对系统部分进行控制和信息反馈(如轴互锁信号、M 代码执行完毕信号等)其地址从 G0 开始。

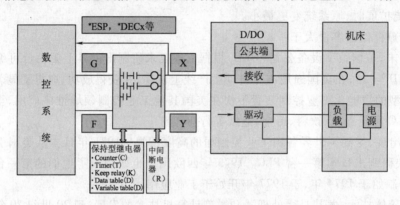

图 7-1 PMC 在数控机床中的作用

三、PMC 的地址分配

1. FANUC I/O 单元的连接

FANUC I/O Link 是一个串行接口,将 CNC、单元控制器、分布式 I/O、机床操作面板或 Power Mate 连接起来,并在各设备间高速传送 I/O 信号(位数据)。当连接多个设备时,FANUC I/O Link 将一个设备作为主单元,其他设备作为子单元。子单元的输入信号每隔一定周期送到主单元,主单元的输出信号也每隔一定周期送至子单元。0i - D 系列和 0i Mate- D 系列中,JD51A 插座位于主板上。I/O Link 分为主单元和子单元。作为主单元的 0i/0i Mate 系列控制单元与作为子单元的分布式 I/O 相连接。子单元分为若干个组,一个 I/O Link 最多可连接 16 组子单元。(0i Mate 系统中 I/O 的点数有所限制)根据单元的类型以及 I/O 点数的不同,I/O Link 有多种连接方式。PMC 程序可以对 I/O 信号的分配和地址进行设定,用来连接 I/O Link。I/O 点数最多可达 1024/1024 点。I/O Link 的两个插座分别叫做 JD1A 和 JD1B。对所有单元(具有 I/O Link 功能)来说是通用的。电缆总是从一个单元的 JD1A 连接到下一单元的 JD1B。尽管最后一个单元是空着的,也无须连接一个终端插头。对于 I/O Link 中的所有单元来说,JD1A 和 JD1B 的引脚分配都是一致的,不管单元的类型如何,均可按照图 7-2 来连接 I/O Link。

2. PMC 地址的分配

FANUC 0i- D/0i Mate- D 系统,由于 I/O 点、手轮脉冲信号都连在 I/O Link 上,在 PMC 梯形图编辑之前都要进行 I/O 模块的设置(地址分配),同时也要考虑到手轮的连接位置。当使用 0I 用 I/O 模块且不连接其他模块时,可以设置如下:X 从 X0 开始 设置为

$0.0.1.0C02I$；Y 从 Y0 开始为 $0.0.1/8$，如图 7-3，具体设置说明如下：

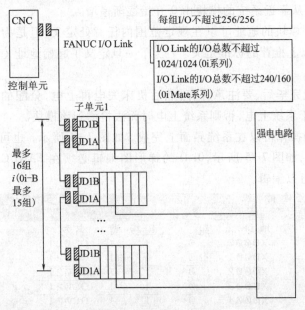

图 7-2　I/O Link 连接图

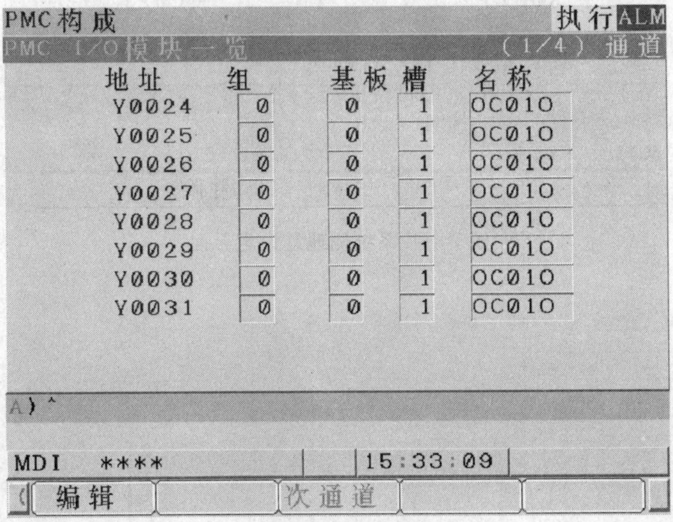

图 7-3　PMC 地址的分配

（1）0i-D 系统的 I/O 模块的分配很自由，但有一个规则，即：连接手轮的手轮模块必须为 16 字节，且手轮连在离系统最近的一个 16 字节大小的模块的 JA3 接口上。对于此 16 字节模块，$Xm+0 \sim Xm+11$ 用于输入点，即使实际上没有那么多点，但为了连接手轮也需要如此分配。$Xm+12 \sim Xm+14$ 用于三个手轮的输入信号。只连接一个手轮时，旋转手轮可以看到 $Xm+12$ 中的信号在变化。$Xm+15$ 用于输入信号的报警。

（2）各 I/O Link 模块都有一个独立的名字，在进行地址设定时，不仅需要指定地址，还需要指定硬件模块的名字，OC02I 为模块的名字，它表示该模块的大小为 16 字节，OC01I 表示该模块的大小为 12 字节，/8 表示该模块有 8 各字节，在模块名称前的？0.0.1？表示硬件连接的组、基板、槽的位置。从一个 JD1A 引出来的模块算是一组,在连接的过程中,要改变的仅仅是组号,数字从靠近系统的模块由 0 开始逐渐递增。

（3）原则上 I/O 模块的地址可以在规定范围内任意处定义,但是为了机床的梯形图统一管理,最好按照以上推荐的标准定义。注意,一旦定义了起始地址（m）该模块的内部地址就分配完毕了。

（4）在模块分配完毕后,要注意保存,然后机床失电再上电,分配的地址才能生效。同时注意模块要优先于系统上电,否则系统上电时无法检测到该模块。

（5）地址设定的操作可以在系统界面上完成,如图 7-4 所示,也可以在 FANUC LAD-DER III 软件中完成,如图 7-5 所示,0i-D 的梯形图编辑必须在 FANUC LADDER III5.7 版本或以上版本上才可以编辑。

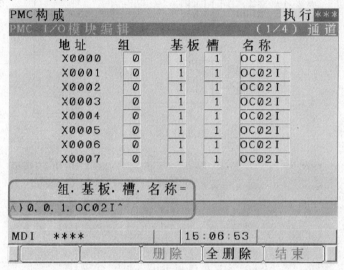

图 7-4　系统侧地址设定界面

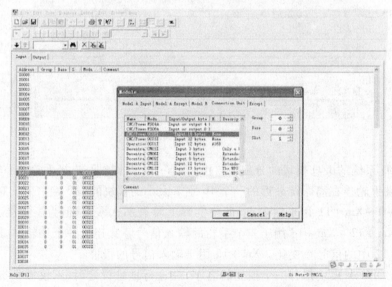

图 7-5　FANUC LADDER III 软件地址设定

● 完成任务

序　号	评 判 项 目	评 判 结 果
1	能否正确说出 PLC 是什么	
2	能否正确说出 PLC 和 PMC 的联系与区别	
3	能否正确连接 I/O 口	
4	能否正确设定参数	

● 思考与练习

(1)PMC 中的组、基板、槽分别指的是什么意思?

(2)PMC 中的地址设置有几种方法,分别是什么?

任务二　PMC 基本操作与梯形图

● 任务引入

PMC 的核心思想就是用软件控制硬件。因此,学会 PMC 编程软件的操作和参数的设定是 PMC 学习过程中关键的一步。

● 任务描述

本任务中,将学习如何查看 PMC 屏幕界面。通过查看 PMC 屏幕界面,可以对梯形图进行监控、查看各地址状态、地址状态的跟踪、参数(T\C\K\D)的设定等。

● 任务分析

在数控机床调试或维修的过程中,如果涉及到部件的自动控制,需要将 PMC 程序调出阅读、修改并查看相关参数。这需要在数控系统中调用相关页面或者利用相关软件调出程序和参数。

● 工作过程

活动一　调出 PMC 设定界面。

活动二　调出 PMC 程序界面。

活动三　进行梯形图的编译与反编译操作。

● 知识链接

一、PMC 各界面的系统操作

1. 进入 PMC 各换面界面的操作

首先按 MDI 面板上【SYSTEM】键进入系统参数界面如图 7-6 所示。

图 7-6　参数界面菜单

再连续按向右扩展菜单三次进入 PMC 操作界面,如图 7-7 所示。进入 PMC 诊断与维护界面,按【PMCMNT】键进入 PMC 维护界面。

图 7-7　PMC 操作界面

（1）PMC 诊断与维护界面,如图 7-8 所示。

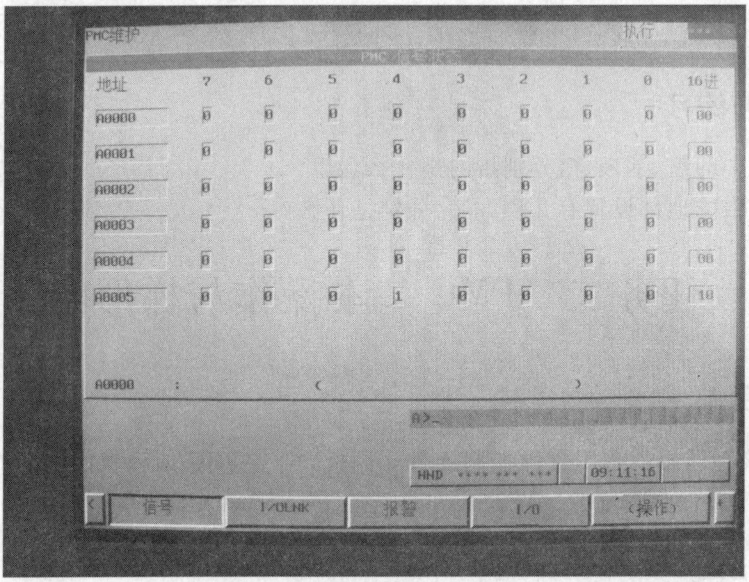

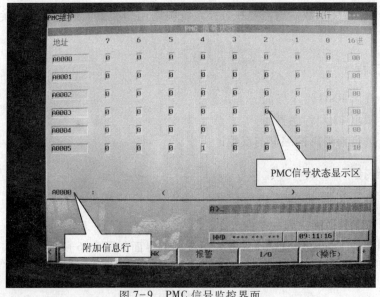

图 7-8　PMC 诊断与维护界面

PMC 诊断与维护界面可以进行监控 PMC 的信号状态、确认 PMC 的报警、设定和显示可变定时器、显示和设定计数器值、设定和显示保持继电器、设定和显示数据表、输入/输出数据、显示 I/O Link 连接状态、信号跟踪等功能。

（2）PMC 的信号状态监控界面,如图 7-9 所示。

图 7-9　PMC 信号监控界面

在信息状态显示区上，显示在程序中指定的所在地址内容。地址的内容以位模式 0 或 1 显示，最右边每个字节以十六进制或十进制数字显示。在界面下部的附加信息行中，显示光标所在地址的符号和注释。光标对准在字节单位上时，显示字节符号和注释。在本界面中按操作软键。输入希望显示的地址后，按搜索软键。按十六进制软键进行十六进制与十进制转换。要改变信息显示状态时按下强制软键，进入到强制开/关界面。

（3）显示 I/O Link 连接状态界面，如图 7-10 所示。

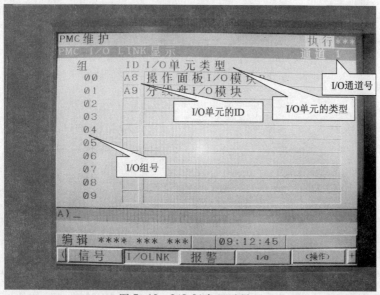

图 7-10　I/O Link 显示界面

I/O Link 显示界面上，按照组的顺序显示 I/O Link 上所在连接的 I/O 单元种类和 ID 代码。按操作软键。按前通道软键显示上一个通道的连接状态。按次通道软键显示下一个通道的连接状态。

（4）PMC 报警界面，如图 7-11 所示。

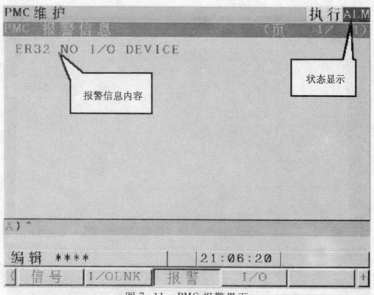

图 7-11　PMC 报警界面

报警显示区,显示在 PMC 中发生的报警信息。当报警信息较多时会显示多页,这时需要用翻页键来翻到下一页。

(5)输入与输出数据界面,如图 7-12 所示。

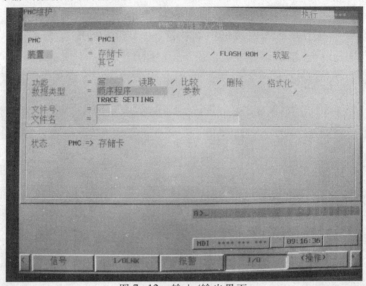

图 7-12　输入/输出界面

在 I/O 界面上,顺序程序,PMC 参数以及各种语言信息数据可被写入到指定的装置内,并可以从指定的装置内读出和核对。光标显示:上下移动各方向选择光标,左右移动各设定内容选择光标。可以输入/输出的设备有:存储卡、FLASH ROM、软驱、其他。存储卡:与存储卡之间进行数据的输入/输出;FLASH ROM:与 FLASH ROM 之间进行数据的输入/输出;软驱:与 Handy File、软盘之间进行的数据输入/输出;其他:与其他通用 RS-232 输入/输出设备之间进行数据的输入/输出。在界面下的状态中显示执行内容的细节和执行状态。此外,在执行写、读取、比较中,作为执行结果显示已经传输完成的数据容量。

(6)定时器显示界面,图 7-13 所示。

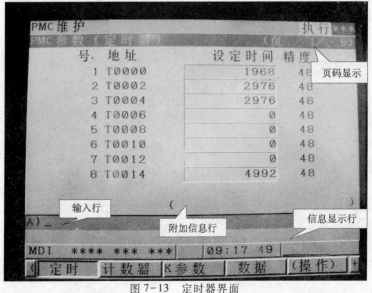

图 7-13　定时器界面

定时器内容:

① 定时器内容号:用功能指令时指定的定时器号。

② 地址:由顺序程序参照的地址 。

③ 设定时间:设定定时器的时间。

④ 精度:设定定时器的精度。

(7)计数器显示界面,图 7-14 所示。

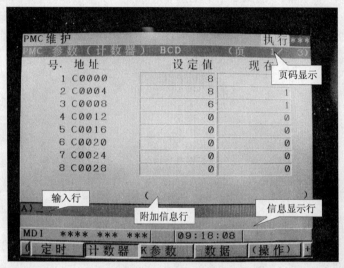

图 7-14　计数器界面

计数器内容:

① 号:用功能指令时指定的计数器号。

② 地址:由顺序程序参照的地址。

③ 设定值:计数器的最大值。

④ 现在值:计数器的当前值。

⑤ 注释:设定值的 C 地址注释。

(8)K 参数显示界面,图 7-15 所示。

图 7-15　K 参数显示界面

K 参数内容:

① 地址:由顺序程序参照的地址。

② 0~7:每一位的内容。

③ 16 进:以十六进制显示的内容。

(9)D 参数显示界面,如图 7-16 所示。

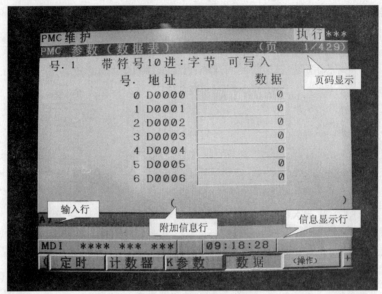

图 7-16 D 参数显示界面

数据内容:

① 组数:数据表的数据数。

② 号:组号。

③ 地址:数据表的开头地址。

④ 参数:数据表的控制参数内容。

⑤ 型:数据长度。

⑥ 数据:数据表的数据数。

⑦ 注释:各组的开头 D 地址的注释。

退出时按【POS】键即可退回到坐标显示界面

2. 进入梯形图监控与编辑界面

进入梯形图监控与编辑界面可以进行梯形图的编辑与监控以及梯形图双线圈的检查等内容。再按【PMCLAD】键进入 PMC 梯形图状态界面如图 7-17 所示。

图 7-17 梯形图菜单

(1)列表界面,如图 7-18 所示。

主要是显示梯形图的结构等内容,在 PMC 程序一览表中,带有?锁?标记的为不可以查看与不可以修改;带有"放大镜"标记的为可以查看,但不可以编辑;带有"铅笔"标记的表示可以查看,也可以修改。

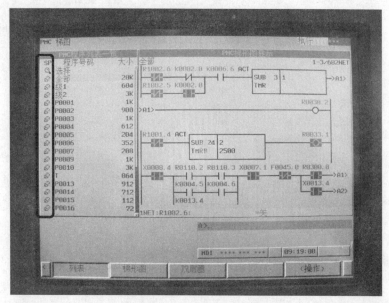

图 7-18 列表显示界面

（2）梯形图界面,如图 7-19 所示。

在 SP 区选择梯形图文件后,进入梯形图界面就可以显示梯形图的监控界面,在图 7-19
中就可以观察梯形图各状态的情况。

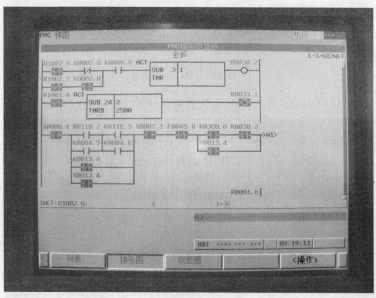

图 7-19 梯形图显示界面

（3）双线圈界面,如图 7-20 所示。

在双线圈界面可以检查梯形图中是否有双线圈输出的梯形图,最右边的"操作"软键
表示该菜单下的操作项目。

退出时按 MDI 面板上【POS】键即可退回到坐标显示界面。

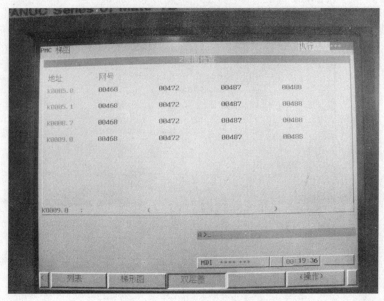

图 7-20 双线圈检查界面

3. 进入梯形图配置界面

梯形图配置界面可以分为标头、设定、PMC 状态、SYS 参数、模块、符号、信息、在线和一个操作软键。

按【PMCCNF】键进入 PMC 构成界面如图 7-21 所示。

图 7-21 PMC 构成界面

（1）标头界面，如图 7-22 所示。标头界面显示 PMC 程序的信息。

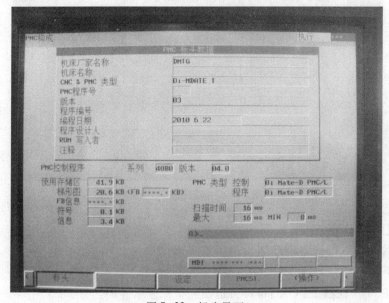

图 7-22 标头界面

（2）设定界面,如图7-23所示。显示 PMC 程序一些设定的内容。

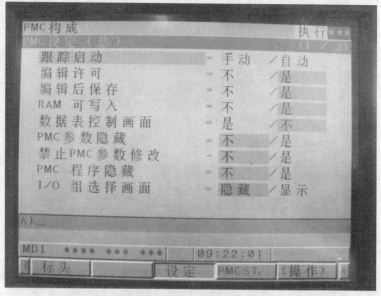

图 7-23　PMC 设定界面

（3）PMC 状态界面,如图7-24所示。显示 PMC 的状态信息或者是多路径 PMC 的切换。

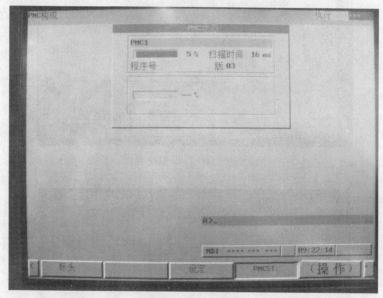

图 7-24　PMC 状态界面

（4）SYS 参数界面,如图7-25所示。显示和编辑 PMC 的系统参数的界面。

（5）模块界面,如图7-26所示。显示和编辑 I/O 模块的地址表等内容。

（6）符号界面,如图7-27所示。显示和编辑 PMC 程序中用到的符号的地址与注释等信息。

（7）信息界面,如图7-28所示。显示和编辑报警信息的内容。

（8）在线界面,如图7-29所示。用于在线监控的参数设定的界面。

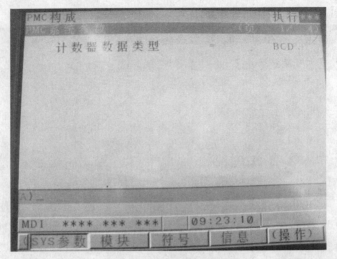

图 7-25 SYS 参数界面

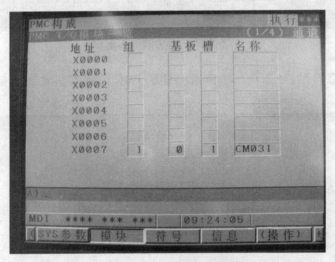

图 7-26 I/O Link 模块界面

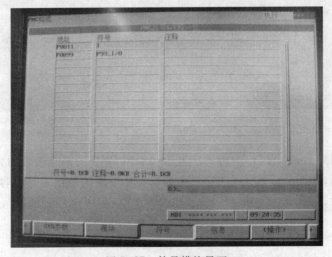

图 7-27 符号模块界面

图 7-28　报警信息界面

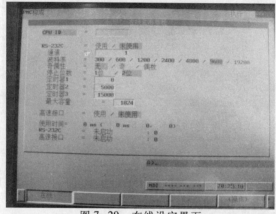

图 7-29　在线设定界面

4. 进入 CNC 管理界面

按【PM. MGR】键进入 CNC 管理器界面,如图 7-30 所示。

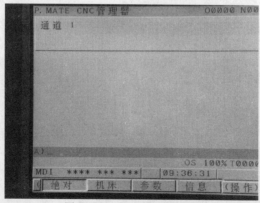

图 7-30　CNC 管理器界面

二、FANUC LADDER Ⅲ 软件的使用

FANUC LADDER Ⅲ 软件是一套编制 FANUC PMC 顺序程序的编程系统。该软件在 Windows 操作系统下运行。

软件的主要功能如下:

(1)输入、编辑、显示、输出顺序程序

（2）监控、调试顺序程序。在线监控梯形图、PMC 状态、显示信号状态、报警信息等。

（3）显示并设置 PMC 参数。

（4）执行或停止顺序程序。

（5）将顺序程序传入 PMC 或将顺序程序从 PMC 传出。

（6）打印输出 PMC 程序。

1. 软件的安装

最新的版本为 5.7，这个版本可以进行 0i-D 系列 PMC 的程序编制，安装软件同普通的 Windows 软件基本相同。若是安装 5.7 版本的升级包，在安装的过程中，软件会自动卸载以前的版本后再进行安装。安装界面如图 7-31 所示。单击 Setup Start 按钮就可以进行安装。

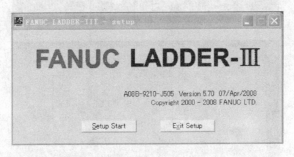

图 7-31　软件安装界面

2. PMC 程序的操作

对于一个简单梯形图程序的编制，常见的是 PMC 类型的选择，程序编辑、编译等几步完成。完整的程序还包含标头、I/O 地址、注释、报警信息等。

3. PMC 类型的选择

对于 0i-D 的数控系统 PMC 程序的编辑，一般包含以下步骤：

（1）在开始菜单中启动软件后单击"新建"按钮。如图 7-32、图 7-33、图 7-34 所示。

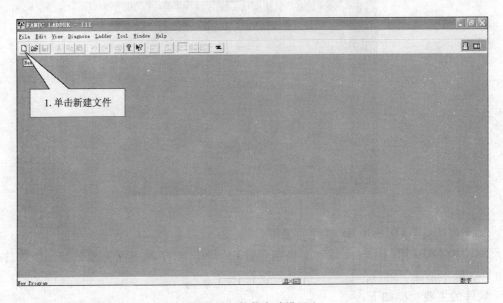

图 7-32　软件启动设置 1

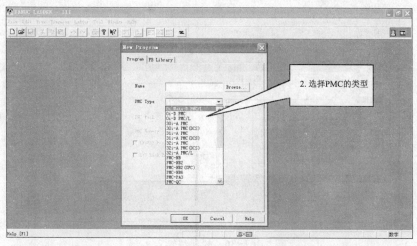

图 7-33 软件启动设置 2

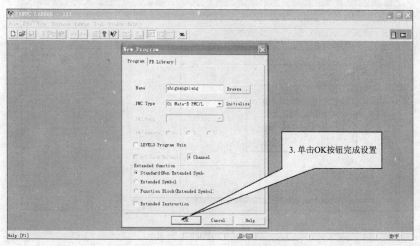

图 7-34 软件启动设置 3

（2）在软件编辑区进行软件的编辑，如图 7-35、图 7-36、图 7-37 所示。

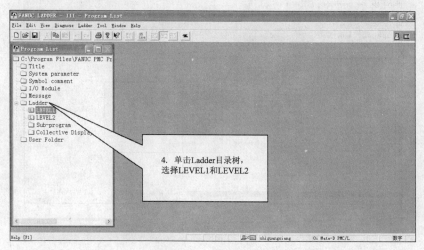

图 7-35 软件编辑 1

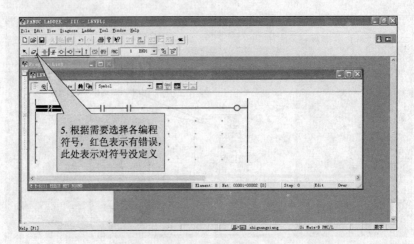

图 7-36　软件编辑 2

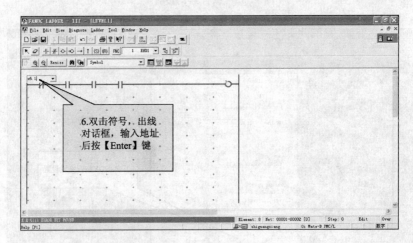

图 7-37　软件编辑 3

（3）对编辑的内容进行编译，如图 7-38、图 7-39 所示。

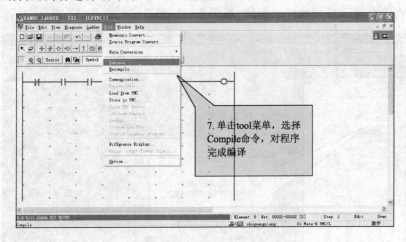

图 7-38　编译编辑内容 1

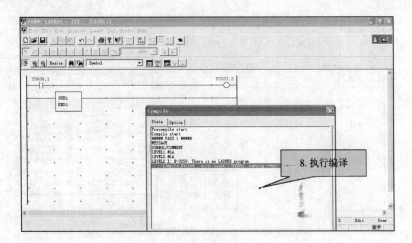

图 7-39 编译编辑内容 2

（4）对编译好的顺序程序进行输出，转化为系统可以识别的文件后，灌入系统。如图 7-40、图 7-41、图 7-42、图 7-43 所示。

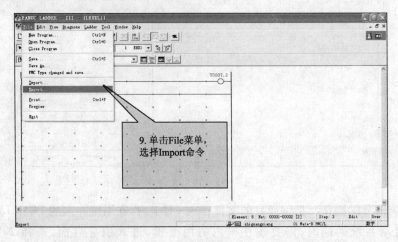

图 7-40 输出文件 1

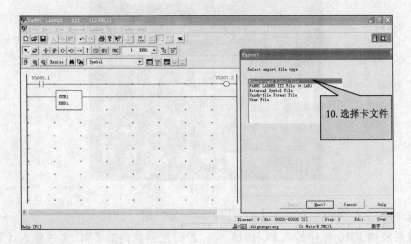

图 7-41 输出文件 2

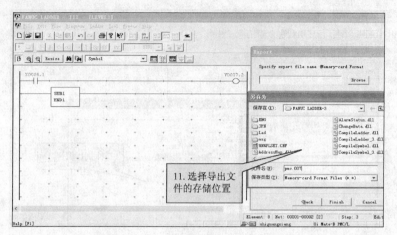

图 7-42　输出文件 3

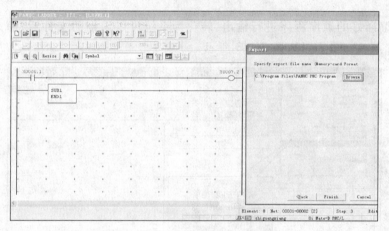

图 7-43　输出文件 4

（5）系统部分的操作。把编译好的文件存入 CF 卡内,在系统左侧的 PCMCIA 插槽内插入 CF 卡,启动系统的同时,需要按住框内的两个键,进入引导界面,选择 2 号选项,按【SELECT】软键,如图 7-44 所示。

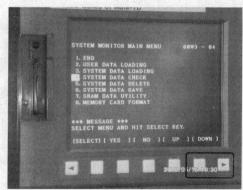

图 7-44　将程序导入系统

选中卡内的文件 PMC1.000,按【YES】键。

（6）对系统内 PMC 程序传入 PCMCIA 卡。若要把系统内的 PMC 文件导入计算机,需要进行如下步骤的操作:

同上操作进入引导界面,选择 6 号选项,按【SELECT】进入。按【PAGE】键进入设定界面,按【SELECT】键进入 。按【YES】键完成 PMC 文件的导出。

(7)在软件中进行打开系统中 PMC 文件。如图 7-45、图 7-46、图 7-47、图 7-48 所示。

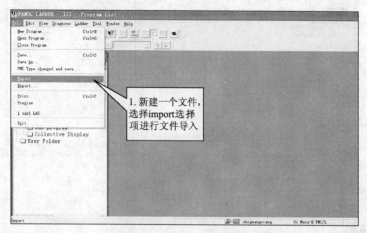

图 7-45 打开 PMC 文件 1

图 7-46 打开 PMC 文件 2

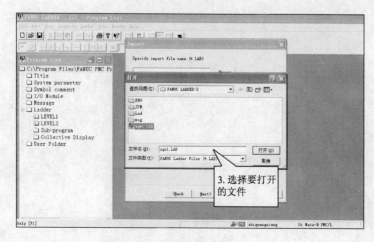

图 7-47 打开 PMC 文件 3

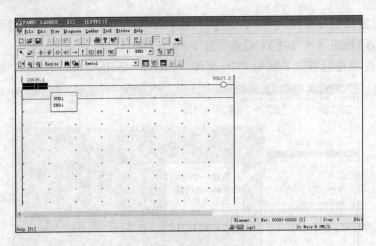

图 7-48　打开 PMC 文件 4

● 完成任务

序　号	评　判　项　目	评　判　结　果
1	能否监控 PMC 信号状态	
2	能否调出 PMC 报警界面	
3	能否设定定时器和计数器	
4	能否监控梯形图	
5	能否将梯形图导入系统	
6	能否将梯形图从系统中导出	

● 思考与练习

(1) 定时器和计数器如何设定?

(2) 如何打开系统中的 PMC 文件?

项目八　数控机床维修实用技术

任务一　急停故障的诊断与维修

● 任务引入

急停故障是数控机床比较常见的故障之一,这类故障产生的原因很多,故障点相对其他故障分布也广,在实践中发生的频率也很高,下面我们就来系统的学习下急停故障产生的原理与处理方法。

● 任务描述

为学生设置急停故障,分析与处理数控机床的急停故障,找出产生机床急停故障的原因并掌握排除故障的方法。

● 任务分析

急停故障的现象一般是急停报警,并且不能复位。急停故障产生的原因很多,需要对能产生急停故障的各个部分发生故障的原理十分的了解,并能够运用相关的工具与方法,排除故障。

● 工作过程

活动一　分析数控机床故障产生的原因

(1)电气方面,如图 8-1 所示。为数控机床的整个电气回路的接线原理图,从图上可以清晰地看出可以引起急停回路不闭合的原因有:

① 急停回路断路。

② 限位开关损坏。

③ 急停按钮损坏。

如果机床一直处于急停状态,首先检查急停回路中 KA 继电器是否吸合,继电器如果吸合而系统仍然处于急停状态,可以判断出故障不是出自电气回路方面,这时可以从别的方面查找原因,如果继电器没有吸合,可以判断出故障是因为急停回路断路引起,这时可以利用万用表对整个急停回路逐步进行检查,检查急停按钮的动断触点,并确认急停按钮或者行程开关是否损坏。急停按钮是急停回路中的一部分,急停按钮的损坏,可以造成整个急停回路的断路,检查超程限位开关的动断触点,若未装手持单元或手持单元上无急停按钮,XS8 接口中的 4、17 脚应短接,逐步测量,最终确认故障的出处。

(2)系统参数设置错误,使系统信号不能正常输入/输出或复位条件不能满足引起的急停故障。

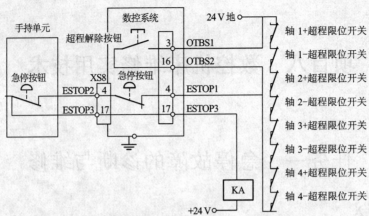

- 图中粗实线为急停回路，细实线为超程解除回路；
- KA为中间继电器，用于控制伺服、主轴等强电；
- 建议该继电器的一个常开触点进入PLC开关量输入点，用于产生外部运行允许信号。

图 8-1　数控机床电气回路的接线原理图

（3）PLC软件未向系统发送复位信息。检查KA中间继电器、检查PLC程序编写错误、检查逻辑电路。

（4）松开急停按钮，PLC中规定的系统复位所需要完成的信息未满足要求。如伺服动力电源准备好、主轴驱动准备好等信息。若使用伺服，伺服动力电源是否准备好：检查电源模块、检查电源模块接线、检查伺服动力电源空气开关。

（5）急停回路是为了保证机床的安全运行而设计的，所以整个系统的各个部分出现故障均有可能引起急停。

活动二　数控机床急停故障排除

1. 观察故障现象

该数控机床屏幕出现急停报警，机床各部件均不能运动。但是按住超程解除键后，机床急停报警消除，机床部件在按住超程解除键时能正常运动，不按超程解除键机床又急停报警。

2. 故障排除方法

仔细观察车床发现，车床实际并没用处于超程状态，初步判断为超程控制相关的行程开关损坏。通过数控机床内部的梯形图查找到，机床 Z 轴行程开关应该处于闭合状态的动断触点不正常的打开了，拆开 Z 轴行程开关接线盒，发现动断触点接线断开，将断开部分重新接好，并让 PLC 发出急停复位信号，数控机床急停报警解除恢复正常。

● 知识链接

急停报警原因很多总结如表8-1所示，可以有条理的帮助分析与排除故障。

表 8-1　急停报警原因

故　障　现　象	故　障　原　因	排　除　方　法
机床一直处于急停状态，不能复位	1. 电气方面的原因 2. 系统参数设置错误，使系统信号不能正常输入/输出或复位条件不能满足引起的急停故障；PLC软件未向系统发送复位信息。检查 KA 中间继电器；检查 PLC 程序	1. 检查急停回路，排除线路方面的原因 2. 按照系统的要求正确的设置参数

续表

故 障 现 象	故 障 原 因	排 除 方 法
机床一直处于急停状态,不能复位	3. PLC 程序编写错误 4. 防护门没有关紧	3. 重新调试 PLC 4. 关紧防护门
数控系统在自动运行的过程中,报跟踪误差过大引起的急停故障	1. 负载过大,如负载过大,或者夹具夹偏造成的摩擦力或阻力过大,从而造成加在伺服电动机的扭矩过大,使电动机造成了丢步形成了跟踪误差过大 2. 编码器的反馈出现问题,如:编码器的电缆出现了松动 3. 伺服驱动器报警或损坏 4. 进给伺服驱动系统强电电压不稳或者是电源缺相引起 5. 打开急停系统在复位的过程中,带抱闸的电动机由于打开抱闸时间过早,引起电动机的实际位置发生了变动,产生了跟踪误差过大的报警	1. 减小负载,改变切削条件或装夹条件 2. 检查编码器的接线是否正确,接口是否松动或者示波器检查编码其所反馈回来的脉冲是否正常, 3. 对伺服驱动器进行更换或维修 4. 改善供电电压 5. 适当延长抱闸电动机打开抱闸时间,当伺服电动机完全准备好以后再打开抱闸。
伺服单元报警引起的急停	伺服单元如果报警或者出现故障,PLC 检测到后可以使整个系统处在急停状态,如:(过载、过流、欠压、反馈断线等)如果是因为伺服驱动器报警而出现的急停,有些系统可以通过急停对整个系统进行复位,包括伺服驱动器,可以消除一般的报警	找出引起伺服驱动器报警的原因,将伺服部分的故障排除,令系统重新复位
主轴单元报警引起的急停	1. 主轴空开跳闸 2. 负载过大 3. 主轴过压、过流或干扰 4. 主轴单元报警或主轴驱动器出错	1. 减小负载或增大空开的限定电流 2. 改变切削参数减小负载 3. 清除主轴单元或驱动器的报警

• 完成任务

序号	评 判 项 目	评判结果
1	是否能全面了解数控机床急停报警的原因	
2	是否能利用已有的知识分析出急停报警具体原因	
3	是否能合理制定排除急停故障的方法	

• 思考与练习

(1)常见的能产生急停报警的原因有哪些?

(2)常用排除急停报警的方法有哪些?

任务二　回参考点故障的维修

● 任务引入

回参考点是数控机床常用的操作,对于很多数控铣床和加工中心来说,正常的回参考点是开机必须要进行的一项操作,这类故障发生的频率也很高。

● 任务描述

了解回参考点故障产生的原因。判断出回参考点故障的具体原因并排除故障。

● 任务分析

回参考点动作,需要电气、机械、与系统三方面配合完成。所以出现回参考点故障以后也应该从这三个方面入手分析与排除故障。

● 工作过程

活动一　回参考点故障产生的原理

返回机床参考点的方法有两种,即栅点法和磁开关法。在栅点法中,检测器随着电动机一转信号同时产生一个栅点或一个零位脉冲,在机械本体上安装一个减速挡块及一个减速开关,当减速撞块压下减速开关时,伺服电动机减速到接近原点速度运行。当减速撞块离开减速开关时,即释放开关后,数控系统检测到的第一个栅点或零位信号即为参考点。在磁开关法中,在机械本体上安装磁铁及磁感应原点开关或者接近开关,当磁感应开关或接近开关检测到原点信号后,伺服电动机立即停止运行,该停止点被认作参考点。可见在回参考点的动作中,每个环节都要处于正确状态数控机床才能正确的回到参考点。如图 8-2 所示。

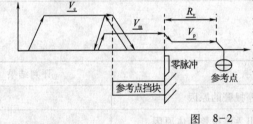

参数内容	系统802D/810D/840D
返回参考点方向	MD34010
寻找参考点开关速度(v_c)	MD34020
寻找零脉冲速度(v_m)	MD34040
寻找零脉冲方向	MD34050
定位速度(v_p)	MD34070
参考点偏移(R_v)	MD34080
参考点设定位置(R_k)	MD34100

图　8-2

总结常见的故障原因如下:

(1)回参考点信号线断开,无法传送给系统接近或到达参考点的信号。

(2)回参考点行程开关损坏,不能正确提供到达参考点位置的信号。

(3)回参考点机械挡块损坏或者位置不正常,无法正确触发行程开关触点。

(4)系统内有关回参考点参数设置不正确,使得回参考点的位置或者速度不正确。

活动二　回参考点故障的处理

1. 观察回参考点故障现象

数控机床能进入回参考点状态,但是每次 Z 方向回参考点时都找不到参考点位置,并且出现超程报警。

2. 回参考点故障的排除

按下回参考点行程开关有关触点,能够出现回到参考点信号,说明电气部分正常,判断问题出在机械部分,观察机床各限位挡块,发现回参考点挡块脱落。重新正确安装回参考点挡块后机床恢复正常。

● 知识链接

一、回参考点的方式一般可以分为如下几种

(1)手动回原点时,回原点轴先以参数设置的快速移动的速度向原点方向移动,当减速挡块压下原点减速开关时,回零轴减速到系统参数设置较慢的参考点定位速度,继续向前移动,当减速开关被释放后,数控系统开始检测编码器的栅点或零脉冲,当系统检测到第一个栅点或领脉冲后,电动机马上停止转动,当前位置即为参考点

(2)回原点轴先以参数设置的快速移动的速度向原点方向移动,当减速挡块压下原点减速开关时,回零轴减速到系统参数设置较慢的参考点定位速度,轴向相反方向移动,当减速开关被释放后,数控系统开始检测编码器的栅点或零脉冲,当系统检测到第一个栅点或零脉冲后,电动机马上停止转动,当前位置即为参考点。

(3)回原点轴先以参数设置的快速移动的速度向原点方向移动,当减速挡块压下原点减速开关时,回零轴减速到系统参数设置较慢的参考点定位速度,轴向相反方向移动,当减速开关被释放后,回零轴再次反向,当减速开关再次被压下后,数控系统开始检测编码器的栅点或零脉冲,当系统检测到第一个栅点或领脉冲后,电动机马上停止转动,当前位置即为参考点。

(4)回原点轴接到回零信号后,就在当前位置以一个较慢的速度向固定的方向进行移动,同时数控系统开始检测编码器的栅点或零脉冲,当系统检测到第一个栅点或零脉冲后,电动机马上停止转动,当前位置即为参考点。

二、回参考点常见故障现象及分析

回参考点常见故障现象及分析,如表 8-2 所示。

表 8-2　回参考点常见故障现象及分析

故障现象	故 障 原 因	排除方法
系统开机回不了参考点、回参考点不到位	1. 系统参数设置错误 2. 零脉冲不良引起的故障,回零时找不到零脉冲 3. 减速开关损坏或者短路 4. 数控系统控制检测放大的线路板出错 5. 导轨平行/导轨与压板面平行/导轨与丝杠的平行度超差 6. 当采用全闭环控制时光栅尺进了油污	1. 重新设置系统参数 2. 对编码器进行清洗或者更换 3. 维修或更换 4. 更换线路板 5. 重新调整平行度 6. 清洗光栅尺
找不到零点或回参考点时超程	1. 回参考点位置调整不当引起的故障,减速挡块距离限位开关行程过短 2. 零脉冲不良引起的故障,回零时找不到零脉冲 3. 减速开关损坏或者短路 4. 数控系统控制检测放大的线路板出错 5. 导轨平行/导轨与压板面平行/导轨与丝杠的平行度超差 6. 当采用全闭环控制时光栅尺进了油污	1. 调整减速挡块的位置 2. 对编码器进行清洗或者更换 3. 维修或更换线路板 4. 重新调整平行度 5. 清洗光栅尺

故障现象	故 障 原 因	排除方法
回参考点的位置随机性变化	1. 干扰 2. 编码器的供电电压过低 3. 电动机与丝杠的联轴节松动 4. 电动机转矩过低或由于伺服调节不良,引起跟踪误差过大 5. 零脉冲不良引起的故障 6. 滚珠丝杠间隙增大,使参考点位置随机改变	1. 找到并消除干扰 2. 改善供电电源 3. 紧固联轴节 4. 调节伺服参数,改变其运动特性 5. 对编码器进行清洗或者更换 6. 修磨滚珠丝杆螺母调整垫片,重调间隙

• **完成任务**

序号	评 判 项 目	评判结果
1	是否能全面了解数控机床急停报警的原因	
2	是否能利用已有的知识分析出急停报警具体原因	
3	是否能合理制定排除急停故障的方法	

• **思考与练习**

(1)数控机床回参考点有哪几种方式?

(2)数控机床回参考点常见的故障原因有哪些?

总　　结

数控维修的思路和方法有很多,篇幅有限不能一一列举,不过通过这两个实际任务,能够知道数控维修的一些思路。全面熟悉可能产生故障的原因,根据具体现象用逻辑思维判断数控机床具体故障原因在分析原因的时候会查阅有关资料与手册说明书等材料,然后用最实用和有效的方法处理故障。希望读者在今后的学习和实践中多多积累知识,总结经验,定会获得更大的进步。